建设项目
环境影响评价
水库下泄水温及影响减缓措施
技术研究与实践

环境保护部环境工程评估中心
水 电 环 境 研 究 院 编

中国环境出版社 · 北京

图书在版编目（CIP）数据

建设项目环境影响评价水库下泄水温及影响减缓措施技术研究与实践/环境保护部环境工程评估中心，水电环境研究院编.—北京：中国环境出版社，2016.10（2017.2重印）
ISBN 978-7-5111-2866-9

Ⅰ. ①建… Ⅱ. ①环… ②水… Ⅲ. ①水库—水温—研究 Ⅳ. ①TV697.2

中国版本图书馆CIP数据核字（2016）第163331号

出 版 人 王新程
责任编辑 李兰兰
责任校对 尹 芳
封面设计 宋 瑞
排版制作 杨曙荣

出版发行 中国环境出版社
（100062 北京市东城区广渠门内大街 16 号）
网 址：http://www.cesp.com.cn
电子邮箱：bjgl@cesp.com.cn
联系电话：010-67112765（编辑管理部）
010-67112735（第一分社）
发行热线：010-67125803 010-67113405（传真）
印 刷 北京中科印刷有限公司
经 销 各地新华书店
版 次 2016 年 10 月第 1 版
印 次 2017 年 2 月第 2 次印刷
开 本 787×1092 1/16
印 张 12.75
字 数 292 千字
定 价 42.00 元

《建设项目环境影响评价水库下泄水温及影响减缓措施技术研究与实践》

编 委 会

主　编　崔书红　陈凯麒　孙志禹

副主编　曹晓红　陈永柏　祁昌军

编　委　李　敏　王鹏远　温雅静　陈　昂　赵修江
步青云　曹　娜　葛德祥　吴玲玲　安广楠
赵微微　李　佳　王庆改　贾　鹏

序　言

为深化落实水电开发生态环境保护措施，加强业内技术交流、促进共同发展，环境保护部环境工程评估中心组织了水利水电生态保护系列会议，为水利水电生态保护工作提供沟通、协作的专业平台。目前，水利水电生态保护研讨会已经举办了四届，每届都对环境保护重点的领域问题展开了专题研讨，贯彻落实了中央关于生态文明建设的意见。我们开发水利水电的过程艰难重重，历史上对于开发也有不同观点和争议，学术思想相互激荡，不同观点相互碰撞。现将近年研讨成果分册结集出版，献给业内同仁参考，以使可持续发展的理念更多地贯穿到水利水电开发建设中来。

从20世纪90年代起的水利水电开发过程中，人们一直在讨论建坝是否是绿色工程，对生态环境是否有影响，影响有多大。随着水利水电工程建设的深入，全国保持独立的自然生态流域几乎消失殆尽，维持自然状态的河流少之又少，保持自然连通性的江河基本不复存在。在我国，江河时空分布极不均匀，人们大规模利用江河进行水利灌溉、淡水养殖、交通航运、蓄能发电、观光旅游，甚至增值房地产。与此同时，大量调水工程集中上马，南水北调大家都知道，其他的还有许多。粗略统计一下，大约一半省份有跨流域的调水工程，有的还在界河上调水，还有一些梯级开发兴建水电站，全国基本找不到一条从上到下没开发的处女江河。这也随之带来一系列的问题，水温问题便是其中的一个重要内容，也是近来大家研讨的主要对象。

水温的变化会对水生生态产生很大的影响，对鱼类影响尤为明显。近年来，通过十几个水电工程案例进行学术交流，覆盖了大部分水电工程水温变化机理引发的问题及解决方案。希望能从中总结出一些经验，成为今后的技术措施。俗话说：亡羊补牢，犹未为晚；可我要说：亡羊补牢，为时已晚！因为水电工程消亡的物种我们已无可奈何，已经破坏的生态我们只有努力修复，对今后准备开发的江河流域，我们要引以为戒。目前，我国水电建设开发率很高，接近饱和状态，所以更需要讨论这些因为建设而带来的生态问题。

此外，在"新常态"的背景下，我们今后规划、建设的指导思想，也要与时转变。从"超常规"的冲动，回到"新常态"的冷静中。从大开发、大建设，转到大保护、大修复上来。

以上为序。

牟广丰

2016 年 7 月 1 日

前　言

我国水资源分布在时间、空间具有明显的不均衡性，水库建设与开发在我国经济、社会建设过程中一直处于非常重要的地位，为经济的持续发展和社会稳定做出了重大贡献。然而，水库建设的潜在负面影响，如河流生境破碎化、水生生物物种减少、下泄低温水累积效应等问题突出。伴随公众生态意识的日益提高和水库生态环境问题的显现，水库建设对流域生态环境的影响受到越来越多的关注。

水库水温分层及其低温水下泄是水利水电工程建设引起的重要环境问题之一，也是环境影响评价重点关注的内容。环境保护部于 2014 年 5 月 14 日印发《关于深化落实水电开发生态环境保护措施的通知》（环发〔2014〕65 号）提出，“充分论证水库下泄低温水影响，落实下泄低温水减缓措施。对具有多年调节、年调节的水库和水温分层现象明显的季调节性能水库，若坝下河段存在对水温变化敏感的重要生态保护目标时，工程应采取分层取水减缓措施”。因此，准确模拟和预测水库的水温分布规律，提供合理可靠的下泄水温数据对分层取水措施设计和下游生态环境保护都具有重要意义。

为系统总结国内外水库水温研究方法进展情况，深入分析水库水温时空分布规律，研究水库水温预测方法，了解下泄水温减缓措施的有效性，推动新常态下水利水电工程环境影响评价方法的进步与学术交流，环境保护部环境工程评估中心于 2015 年 11 月组织召开了“第四届水利水电生态保护研讨会”。参会专家和行业研究人员对库区水温变化规律、下泄水温影响及减缓措施、水温分层措施设计及管理等议题进行探讨和交流，为今后深入开展水库水温影响研究和生态保护工作提出引领性的思路。

本书在整理“第四届水利水电生态保护研讨会”会议成果的基础上，遴选出 23 篇论文汇编成册，形成《建设项目环境影响评价水库下泄水温及影响减缓措施技术研究与实践》一书。本书着眼于我国水利水电工程生态环境保护需求，从水温研究回顾、水温原型观测、水温模拟预测、下泄水温影响以及水温影响减缓措施等方面，系统地阐述了当前我国水库工程水温影响研究与减缓措施实践的代表性成果，为开展水库水温结构及下泄水温计算和研究，以及水温减缓措施设计和管理提供借鉴。

由于时间和编者水平有限，本书仍存在不足之处，敬请广大读者批评指正。

编　者

2016 年 6 月

目 录

一、水温研究综述及回顾

二、水温观测及规律研究

三、水温数值模拟研究

四、水温计算方法及参数分析

五、下泄水温对鱼类的影响研究

六、水温影响减缓措施研究

一、水温研究综述及回顾

水利水电工程水温影响预测及技术复核要点

祁昌军[1,2] 陈凯麒[1,2] 曹晓红[1,2] 翟 媛[3]

（1. 环境保护部环境工程评估中心，北京 100012；2. 水电环境研究院，北京 100012；
3. 水利部水利水电规划设计总院，北京 100011）

摘 要：介绍了技术复核的总体要求，分析了水库水温预测存在的问题，结合水利水电工程水温影响预测研究工作及技术评估要求，提出水库水温预测及技术复核要点，并进一步提出水库水温预测研究工作的几点想法。

关键词：水利水电；水温预测；技术复核

1 前言

大深型水库水温分层及其低温水下泄是水利水电工程建设引起的重要环境问题之一，也是环境影响评价和技术审查重点关注的内容[1-2]。水库库区水温及下泄水温预测也是水利水电工程环境影响评价报告或相关专题中技术难度较大的一项内容，其预测结论直接影响环评报告对工程实施后影响的评价及相应环保措施设计的合理性、有效性。从环评及技术评估实际情况看，水库水温预测是水利水电工程环评工作中容易出现误差甚至错误的部分，该部分内容在技术评估过程中也较难准确把握。

本文基于水利水电工程水温影响预测研究工作总结，结合环境保护部环境工程评估中心技术复核要求，提出水库水温预测及技术复核要点，以期为水利水电工程水温预测及技术评估提供参考。

2 技术复核总体要求

环评技术复核指依据国家相关环境管理要求和技术导则规范，针对重点项目环评报告书中有关环境影响预测与评价部分开展的技术性复核分析的过程。为了客观、公正地评价环评报告中预测部分的预测方法和评价结论，环境保护部环境工程评估中心逐步对

作者简介：祁昌军（1982—），男，汉族，江苏连云港人，高工，硕士，主要从事环境影响评价和水环境模型研究。E-mail: qcj882@126.com。

环评文件中预测部分内容提出技术复核的要求。

开展技术复核并非是抛开原环评报告的预测过程和结果重新进行评价分析，而是从技术层面客观、公正地评价各环评报告中环境影响预测部分的预测方法和评价结论，杜绝环评单位在环境影响预测过程中出现“假数真算”“真数假算”的不良现象，同时也可以弥补长期以来技术评估过于依赖专家主观判断的不足。

技术复核的基本原则是以环评报告中的环境影响预测部分内容及建模、预测内容为基础，以国家现行技术导则规范为依据，对预测过程和结果进行计算对比与验证，重点针对环评报告中环境影响预测所采用的技术方法、预测模型、基础数据、模型参数及预测结论进行分析与评价，得出环评报告中环境影响预测部分结论是否可信的结论[3-4]。

3 水库水温模拟预测存在的问题

水库水温变化过程可描述为水体作为受热、传热的载体，在水动力、气温和水温的交互影响下发生的水体纳热、散热及热量传输过程。影响水温预测结果的因素很多，如水库运行调度方式、水电站调节性能、入流和出流、气温、风速、太阳辐射、支流汇入、上游梯级电站下泄水温等因素[5]。另外，在使用数值模型计算时，模型选用、参数选取、边界条件、初始水温、网格尺度、时间步长、地形概化、工程概化等对水温计算结果都有重要影响。总结以往环评技术评估和技术复核工作，水利水电工程环评水温影响预测存在以下几方面问题。

3.1 建模基础资料不全

水库水温模型建模基础资料主要包括水文资料、气象资料、地形资料和工程设计资料四大类。水文资料主要有库尾入流、支流汇入、发电出流、泄洪出流、弃水流量、电站运行水位、入流水温等；气象资料主要有气温、太阳辐射量、日照时数、相对湿度、风速、风向等；地形资料主要有库区水下地形、水库水位 - 库容 - 面积曲线；工程设计资料主要有发电取水口分布位置、取水口底板高程、取水口数量及尺寸、泄洪孔底板高程及尺寸、分层取水设施（如叠梁门）设计及运行方案等。由于建模涉及基础资料较多，且有一定的精度及数据系列要求，对于大型水利水电工程，在可研设计阶段相应的水文、气象等资料比较详细，而对于一般水利水电工程，尤其是在新疆、西藏等实测资料匮乏的地区，建模所需基础资料往往难以保障，导致所建模型无法反映模拟对象的客观情况。

3.2 缺乏模型验证资料

模型率定、验证是数值模拟工作的关键内容。在对拟建水库水温预测之前，需选取同一流域、位置相近（最理想情况）的已建水库作为验证水库，并且两个水库的规模、调节性能、运行调度方式相似，已建水库具有较为翔实的实测水温资料。国内已逐步开展水库水温原型观测工作，积累了部分水温实测资料，但已开展的水温观测工作中，存在观测方案、测量仪器以及观测精度不统一等问题，内业数据整理缺乏系统性。另外，受环评工作周期限制，预测所需的实测资料，尤其是模型的重要边界条件、验证数据等，无法在短期内实测获得，只能通过概化、简化处理，影响预测结果的科学性、准确性。水温预测中出现的主要问题有：验证水温选取不合理；验证水库实测水温资料不足，无法满足模型验证需求；典型时期如封冰期、双跃温层期未验证。

3.3 计算范围概化不合理

模型计算范围应包括拟建水库全库区、主要汇入支流及坝下河段。下泄水温沿程恢复预测应在考虑下游河道主要环境敏感目标的前提下，合理延长模拟河道长度至下泄水温恢复到天然河道水温。如拟建水库上下游有梯级电站，应考虑梯级电站下泄水温累积影响。水温预测中出现的主要问题有：库区范围计算不完整，主要支流未考虑，导致模拟库容比实际库容小，影响水体纳热、散热能力；下泄水温预测未考虑下游河道主要生态敏感目标（如鱼类栖息地、产卵场），水温减缓措施效果及阈值不明确。

3.4 下泄水温计算方法需改进

水库下泄水体为坝前不同层水体混合后的下泄，其下泄水温为不同层水体掺混后的水温（不考虑下泄过程中的能量损失）。环评报告中，下泄水温预测方法大多为直接选取与发电取水口高程同层的坝前水温作为下泄水温，该方法给下泄水温预测结果带来较大误差。

3.5 模型预测缺乏规范指导

《环境影响评价技术导则　地面水环境》（HJ/T 2.3—93）给出了适用于河、湖、海湾的水质污染物预测模式，但未提出水库水温预测方法、模型及方程原理。2006 年，国家环境保护总局印发了《水电水利建设项目河道生态用水、低温水和过鱼设施环境影响评价技术指南（试行）》的函，其中提出水库垂向水温和下泄水温数学模拟方法，对水库水温预测工作及技术评估工作起到重要指导作用。但导则、指南均未对水温数值模拟的建模过程、基础资料、率定和验证、参数选取、时间和空间尺度进行具体要求，使得实际工作中水温数值模拟工作尺度不一，深浅不同，导致预测结果的合理性无法准确判定。

4 水库水温模拟预测及技术复核要点

依据地表水环境影响评价技术导则，同时结合水利水电工程环评及技术审查要求，水库水温预测及评价部分应明确以下几方面内容。

4.1 数学模型方法选择

水库水温预测首先应对水库水温结构进行简易判别，方法主要包括：α-β 指数法、密度弗劳德数法、水库宽深比法等。在对水库水温结构初步判别的基础上开展水温预测，方法主要包括：东勘院法、朱伯芳法、统计法、李怀恩公式等经验公式，以及垂向一维模型、立面二维模型和三维模型等数学模拟方法。经验公式是研究人员在国内外多座水库实测资料的基础上总结出来的，有其适应性和实用价值。但经验法反映的是水温变化的统计性规律，缺乏对水温变化规律的深入研究，在应用上有一定局限性。数学模型则可以在一定程度上弥补经验法的不足，可考虑气象、水文等交互过程，缺点是所需资料较多，操作过程复杂。

根据水库水温结构判别结果，对于完全混合型且下游无生态敏感目标的水库，水库水温可采用经验公式预测；对于水温稳定分层的水库，应根据水库形态特征、调节性能及下游生态敏感目标等进行数值模拟，一般湖库型水库水温宜采用三维模型计算，水流和水温横向变化不大的河道型水库水温可采用立面二维模型计算，纵向尺度较小且流动相对较缓的水库水温可采用垂向一维模型计算。当计算硬件、资料丰度和研究人员操作能力等条件满足时，原则上应尽量采用二维模型或三维模型进行水温预测。

4.2 基本资料收集

水库水温预测的基础资料包括地形、水文、河道水温、气象、电站运行调度、发电取水口和泄流孔口位置及尺寸、分层取水方案等多种要素。各项资料应以实测和设计资料为依据，气温、入库水温资料如需插补，应收集插补点周边或上下游站点资料进行插补；入库流量、发电流量、泄洪流量和水库水位资料应以设计资料为依据，符合电站运行调度规程；采取分层取水措施的，应收集分层取水进水口型式、设计参数、运行方案等。

4.3 模拟范围确定

水库水温模拟预测及评价范围主要包括三部分：库区、主要入库支流、坝下河段及生态敏感区域。库区模拟范围应包括从坝址至库尾回水末端，回水变动区的库尾河段不应“舍弃”，该段的水动力和入库水温对整个库区流场和温度场影响不可忽略；库区主要支流的入流和入库水温应根据实测资料确定，主要支库不宜简单概化为点源，支库库容的纳热、散热能力应计入模型；下游河段应重点预测低温水沿程恢复情况，以及到达生态敏感区域的水温情况，有灌溉要求的，应预测到达灌区的水温恢复情况。

4.4 验证案例选取

选用的验证水库在地理位置上应靠近拟建水库，以相同流域、相同纬度为宜，气象要素、水面与大气的热交换等条件接近；验证水库的规模、调节性能和水温结构等相近；验证水库应有较全的库区水温实测资料，如无全年的水温实测资料，至少应有春、夏、秋、冬每一季典型月水温实测资料；所在区域如有封冰期，则封冰期至少有一个月的实测水温资料。

4.5 计算工况设计

工程运行后，水库所在流域的水文、气象等自然条件变化随机，与工程设计阶段模拟预测的支撑数据必然不同。数值模拟无法穷尽所有可能的工程运行和自然变化情况，但应根据工程特点选取最具有代表性的计算工况，并能考虑不利条件。一般边界条件应考虑丰、平、枯典型年水文条件，加上多年平均状况的气象条件组合；对于大型水电站且下游有生态敏感目标的，考虑历史气象条件、来水水温及水库调度运行等，为反映极端条件对水库水温及下泄水温的影响，针对运行期的高水位、低气温、低来水温度等条件，设置特殊边界条件组合工况；拟建工程上游有已建、拟建电站的，应计算梯级电站联合调度下的水库水温分布情况，预测河段水温的累积影响；采取分层取水措施的，应考虑不同典型年下单层取水、分层取水水温计算工况。

4.6 模型计算时段

一般计算全年的水库水温变化情况。为消除模型初始场的影响，模型以同一年的水文、气象等资料循环计算多年后，当后一年与前一年的某一时刻温度场、流场相比满足相对误差要求则认为计算收敛，取后一年计算结果作为预测成果。

4.7 库区地形数据质量控制

工程可研阶段，库区河道一般具有实测大断面地形资料，实测断面间距少则几百米至 1 km，多则数公里，无法完全反映全库区地形情况，对于无实测地形资料的水库，研究人员则采用网上下载的 DEM 地形资料，分辨率和准确度无法保障。地形资料是模型计算最基础和关键的资料之一，为保证地形资料的可靠性，在开始各工况水温计算之前，应根据工程设计的水位 - 库容 - 面积曲线进行地形修正，以保证各水位下概化地形的库容和面积与设计资料一致。

4.8 库区流场模拟

水库水温分层受到库区水流特征影响，水流特征的正确与否直接决定了水温分布结果的正确与准确性。水温预测应与流场耦合计算，并在判定模拟计算获得的流场满足要求以后，才能开展温度场模拟计算。流场模拟模型应根据水流流动特征与基础数据情况，合理选择一维、二维及三维模型，并应合理确定紊流模型。水动力参数率定及计算结果合理性与准确性判定应该包括流态分析（如回流特征）、水量守恒性分析、特征断面流速分布验证、水位过程验证等。

4.9 库区温度场模拟分析与下泄水温计算

库区温度场预测值的准确度是下泄水温准确预测的关键。在合理率定流场基础上，系统分析与率定热平衡参数。对于模拟计算结果应进行热量守恒性分析，并结合类似水库水温监测或模拟计算结果，分析预测温度场及其年内变化过程的合理性。准确把握预测水库库区温度场的分布规律，确定年内库区水温垂向分布结构，通过分析流场分布规律，识别坝前取水层位置、厚度和层内水温，进而分析下泄水温的变化过程。

5 结语

水库水温预测是水利水电工程环评报告中难度较大，技术性较强的工作，虽然《水电水利建设项目河道生态用水、低温水和过鱼设施环境影响评价技术指南（试行）》中对水温预测部分的内容提出了具有指导性的说明，但由于影响水库水温预测结果的因素很多，无论预测模型、水文条件、气象条件、地形修正，还是预测范围、参数率定、计算工况、下泄水温计算方法等，都可能影响预测结果的可靠性、合理性。鉴于此，对于水库水温预测研究提出以下几点想法：

（1）开展全国水库水温调研、观测资料收集工作，建立水库水温数据库；统计分析全国水库水温时空变换一般性规律，绘制水库库表、库底水温等值线图。

（2）基于水温数据库，通过数值模拟方法率定不同类型典型水库热平衡参数，建立不同类型典型水库水温预测热平衡参数参考值。

（3）开展分层取水措施效果评估研究工作，分析采取分层取水措施的水电站下泄水温变化规律及下游生态环境变化情况。

（4）尽快制定水库水温原型观测规范以及水库水温数值模拟指导规范。

（5）加快研究并推出水环境法规化模型，利用典型水库实测资料验证法规化模型。

参考文献

[1] QI Chang-jun，ZHAI Yuan，LU Bao-hong，et al. Research on Vertical Distribution of Water Temperature in Different Regulation Reservoirs[J]. Advanced Materials Research，2014，955-959：3190-3197.

[2] 张士杰，彭文启 . 流域梯级开发方案调整的水温累积影响研究 [J]. 水利学报，2009，40（10）：1254-1258.

[3] 丁峰，李时蓓，赵晓宏 . 大气环境影响预测与评价编写及技术复核要点分析 [J]. 环境监测管理与技术，2008，20（6）：65-68.

[4] 丁峰，伯鑫，易爱华，等 . 大气环境影响评价技术复核规范与典型案例分析 [J]. 环境污染与防治，2014，36（11）：92-99.

[5] QI Chang-jun，LU Bao-hong. Study of the temporal and spatial distribution of water temperature in Ertan Reservoir based on prototype observation[J]. Advanced Materials Research，2014，864-867：2278-2287.

水库水温模拟预测中常见的主要问题

李克锋　梁瑞峰　李　嘉　邓　云

（四川大学水力学与山区河流开发保护国家重点实验室，成都 610065）

摘　要：针对影响水库水温模拟效果的常见问题，提出以水温 - 气温相关法确定缺资料地区的现状水温，对水库地形校正效果开展了定量分析，讨论了气温直减率对水气界面长波辐射、蒸发、传导的影响程度，对比了部分气象经验公式的热通量计算差异，以二维模型为例定性分析了零方程与双方程紊流模式、静水压力假定与完整垂向动量方程的差异，提出了可通过热量收支平衡、逐月径流量与库容关系等方法定量检验模拟结果的合理性。

关键词：水库水温；地形；气象；数学模型

水电资源作为清洁能源一直是国际社会的重点发展领域，但水电站的兴建也极大地改变了河道水温的自然过程，特别是在水能资源丰富的河流，巨型电站或者多个梯级水库联合运行时，对河道水温的影响范围更宽，对区域性的环境影响更大。水温影响逐渐成为水电开发过程中环境影响评价的重要内容[1-3]。

目前，国内外水库水温影响研究一般从数值模拟、室内试验、原位观测三方面开展，其中数值模拟方法具有物理机制清晰、考虑因素全面、可有效结合理论分析与实验研究的成果等优势，越来越多地应用于新建项目的环境影响评价中，其模拟精度直接关系到对工程环境影响的正确认识。但水温的模拟由于受模型选择、参数取值、离散方法、边界条件、初始条件等多种因素的影响，在实际应用中处理不当可能影响模拟效果。本文拟对水库水温模拟中常见的主要问题展开分析和讨论。

1　现状水温的确定

现状水温作为数值模拟的输入条件和水温影响程度的对比基础，是模拟的重要基础资料。在平原河流或者具有布设水文仪器条件的河段，水温作为常规水文监测项目，其数据获取尚不致制约模拟预测。随着水电开发逐渐向高海拔寒冷地区拓展，研究河段缺

资助项目：国家自然科学基金（批准号：51379136，50979063，51279114）。

作者简介：李克锋（1965—），男，研究员，生态与环境水力学方向。E-mail: kefengli@scu.edu.cn。

乏水温观测资料，难以确定模拟所需的现状水温，但通过气象相关、邻近流域监测数据类比等方法，仍可得到合理的基础水温数据 [4]。

气象是影响天然水温变化的重要因素。河段沿程有气象监测数据且周边气候相近的流域存在水温监测数据时，可采用水温 - 气温相关方法确定现状水温。以西藏境内河流为例，怒江上游仅嘉玉桥、龙普、扎那水文站曾短期监测水温，现有数据难以满足上游规划梯级电站现状水温的确定，但可据西藏境内其他流域的气温、水温关系进行推算。

水温 - 气温相关关系可表示为：

$$T_{水} = a \times T_{气} + b \tag{1}$$

式中，a 为水温随气温的变化率；b 为某处水温受上游来流水温的影响程度，℃。

西藏自治区雅鲁藏布江、年楚河、拉萨河、尼洋河、怒江等干支流的水温 - 气温相关系数见表 1。

表 1 西藏部分河流的水温 - 气温相关系数

水文站	a	b/℃	高程 /m	相关系数
年楚河江孜	0.608 2	1.668 7	4 040	0.953 0
年楚河日喀则	0.776 7	2.845 4	3 833	0.984 0
拉萨河唐加	0.674 7	1.165 7	3 930	0.981 0
拉萨河拉萨	0.754 4	2.046 4	3 652	0.994 0
尼洋河工布江达	0.691 1	1.524 3	3 400	0.994 0
尼洋河久巴	0.613 0	2.832 1	3 000	0.992 0
雅江拉孜	0.870 5	0.690 6	4 001	0.967 0
雅江杨村	0.998 2	1.697 5	3 545	0.995 0
雅江奴下	0.834 1	2.438 8	2 940	0.991 0
怒江嘉玉桥水温	0.694 6	0.588 9	3 188	0.987 0
怒江扎那（龙普）	0.757 2	5.436 2	3 079	0.978 0
平均	0.757 9	1.878 8	3 593	0.983 4

从相关性来看，各水文站水温均与气温呈高度相关关系（＞ 0.8）；水温随气温的变化率平均为 0.757 9；各干支流相关关系中的参数 b 均为下游大于上游，说明各河流下游水温受上游影响程度的差异性。因此，可采用式（1）计算怒江干支流的天然水温。

此外，缺资料地区现状水温的确定也可直接移用邻近流域流量相近站点的监测资料，对一些监测年限较短的资料，还需要与气象建立相关关系后进一步插补延长。

2 地形的概化与校正

由地形概化得到的网格是水库库容、面积等几何尺寸在数学模型中的直接体现，因而地形精度在一定程度上决定了预测精度。从大断面、地形图等概化后的水库库容曲线受库区形状不规则、测量精度、提取方法等影响与实际库容、面积曲线存在差异，因而在计算中应对概化库容、面积曲线做进一步校正，消除地形误差带来的水库调节能力的变化。

浯溪口水利枢纽工程是江西省景德镇市昌江干流中游一座以防洪为主，兼顾供水、发电等的综合利用工程，工程正常蓄水位 56 m，水库总库容为 $4.274\times10^8\ m^3$，具有不完全年调节性能。图 1 和图 2 显示了浯溪口水库地形校正对水库水温的影响。浯溪口库区地形系根据分辨率较低的地形图得到，经与设计院提供的高程 - 面积 - 容积曲线对比，从地形图概化得到的正常蓄水位水面面积（17.66 km^2）与高程 - 面积曲线得到的水面面积仅有不超过 10% 的差异。对此地形不做校正时，采用立面二维水温模型计算得到的平水年水库下泄水温最大升幅达 6.0℃；经对地形开展复核，根据设计方提供的复核后地形校正模型计算采用的库容面积曲线（图 1），正常蓄水位水面面积校正为 24.70 km^2，下泄水温的最大升幅减小至 3.3℃（图 2）。复核前后水面面积差异带来水面热通量计算的较大差异，特别是水库蓄水后期的高水位运行，面积差异更趋放大，显著改变了水库的冬季蓄热能力，导致了不合理的下泄水温大幅升高现象。

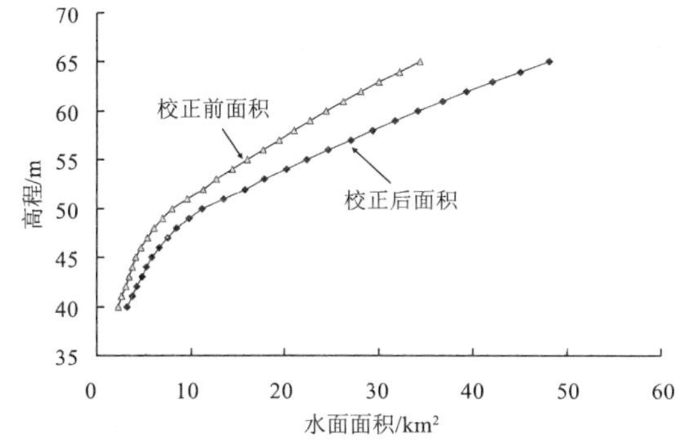

图 1　地形修正前后浯溪口水库水面面积

图 2　地形修正前后浯溪口水库下泄水温

3　气象资料与计算公式的选择

影响水库水温模拟的气象要素一般包括太阳辐射、气温、云量、风速风向、相对湿度等。

太阳辐射和气温是影响水体热量收支的最重要因素。河谷深切的山区水库应充分考虑两侧山体遮蔽对辐射到达水面时段的影响，特别是南北走向的河流，因地形的遮蔽作用水面接收的太阳直射辐射最大可减少 25% 左右 [5]。

气象站点的选择也间接影响水面热通量的计算。金沙江下游的溪洛渡库区有金阳、永善等气象站，金阳站位于库区中段，在地理位置上更有代表性，但金阳气象站海拔 1 450 m，与溪洛渡正常蓄水位 600 m 相差太大，而气温具有随海拔上升而降低的特性，直接采用金阳站气温计算水气界面热通量将会带来较大的误差。

图 3 为金阳站气温修正前后对库区河段水气传导、蒸发、长波辐射的影响程度。在采用该地区山区气温直减率 0.5℃ [6] 将 1 450 m 高程的气温修正至 600 m 后，年均比下游永善站高 3.2℃，河段水气界面热通量年均增加 73.7 W/m^2，也从侧面说明气象因素是金沙江溪洛渡段增温率（0.43℃ /100 km）高于向家坝段增温率（0.07℃ /100 km）的原因之一。

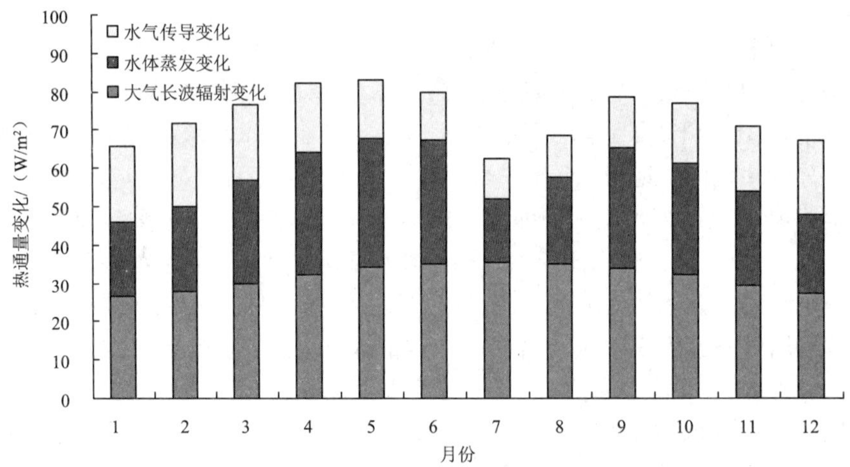

图 3　金沙江下游溪洛渡库区河段气温修正对水气界面热量的影响

此外，水面热通量经验公式的选取也对计算存在较大影响，本文以大气长波辐射为例进行说明。

大气中的水珠、蒸汽、尘埃等可以吸收来自太阳的短波辐射等，使其自身增温，然后又通过长波辐射的形式辐射到水面，其强度取决于气温的高低。大气长波辐射绝大部分可被水体吸收，约有 3% 被水面反射到大气中。大气长波辐射波长为 4 ～ 120 μm，辐射强度一般取决于气温和云量。

大气长波辐射计算公式为：

$$\varphi_{an} = (1-\gamma_a)\cdot\sigma\cdot\varepsilon_a(273+T_a)^4 \tag{2}$$

式中，T_a 为水面上 2 m 处的气温；γ_a 为长波反射率，取 0.03；σ 为 Stefan-Boltzman 常数，为 5.67×10^{-8} W/（$m^2\cdot K^4$）；ε_a 为大气发射率。

大气发射率的常用计算公式有：

$$\varepsilon_a = \left[1-0.261\cdot\exp\left(-0.74\times10^{-4}T_a^{\ 2}\right)\right]\cdot\left(1+K_\varepsilon\cdot C^2\right) \tag{3}$$

$$\varepsilon_a = 1.24\cdot\left(\frac{e_a}{T_a+273}\right)^{\frac{1}{7}}\cdot\left(1+K_\varepsilon\cdot C^2\right) \tag{4}$$

$$\varepsilon_a = \left(A_a + A_b\sqrt{e_{\text{air}}}\right)\cdot\left(1+K_\varepsilon\cdot C^2\right) \tag{5}$$

式中，C 为云层覆盖率；K_z 与云层高度有关，均值为 0.17；e_a 为水面上空气蒸发压力，Pa；A_a 为经验系数，其值范围为 0.5 ～ 0.7，常取值 0.6；A_b 为经验系数，其值范围为 0.031 ～ 0.076 $Pa^{-0.5}$，常取值 0.031；e_{air}为空气中的水蒸气分压力，Pa。

空气中的水蒸气分压力可用下式表示：

$$e_{\text{air}} = 4.596e^{\frac{17.27T_d}{237.3+T_d}} \tag{6}$$

式中，T_d 为露点温度。

仍以涪溪口水库库区气象条件来说明式（3）～式（5）的差异（图 4）。从图 4 中大气长波辐射在一年内的变化可发现，采用不同的大气发射率经验公式，冬季的差异小于夏季，但最小也相差 36.7 W/m^2；夏季差异较大，6 月差异高达 97.3 W/m^2。

短波辐射、水体长波辐射、蒸发通量、传导通量在选择不同的计算公式时也存在与大气长波辐射计算类似的问题，在预测中宜根据研究区域的气候特征对气象公式选择做适用性验证。而在商业软件中，由于热通量计算模式相对固定，尤其应注意公式的适用性问题。

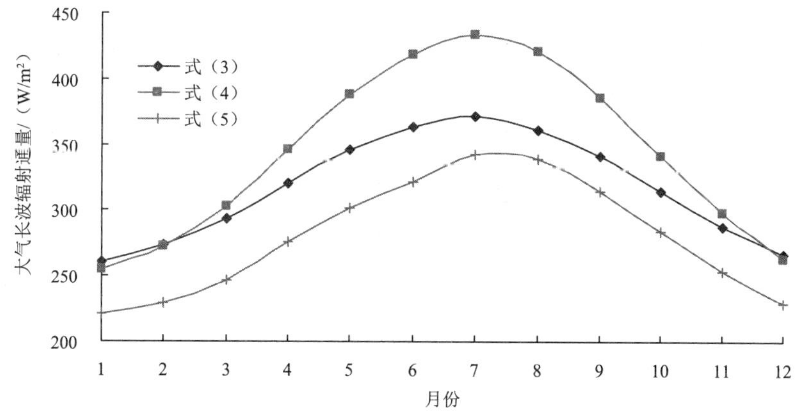

图 4　涪溪口库区采用不同大气发射率公式的水面长波辐射通量

4　垂向动量交换的模拟

应用于水库水温预测的数学模型主要从空间维度上分为一维、二维、三维。纵向一维模型可用于水深较浅的水库，垂向一维模型用于深且短的水库；二维模型主要有深度平均的平面模型和宽度平均的立面模型；三维数学模型则能充分反映水库水温的变化细节，特别是泄流孔口附近水流及水温的三维特征 [7]。由于三维水温计算工作量巨大，目前主要用于近坝区电站进口处的模拟，而一维模型适用性有限，拟主要就立面二维水温模型做简要对比。

水库的流场分布与水库的温度分布具有强烈的相互作用，准确模拟水库温度场的关键在于精确模拟浮力流流场，因此，立面二维模型之间的差异主要是紊流模式和垂向动量方程的差异。

根据紊流模型采用的微分输运方程的个数，可以分为零方程、单方程、双方程三类。美国陆军工程兵团的 CE-QUAL-W2 模型推荐采用 W2 零方程模式计算涡黏系数：

$$\begin{cases} \nu_t = \kappa\left(\dfrac{l_m{}^2}{2}\right)\sqrt{\left(\dfrac{\partial u}{\partial z}\right)^2 + \left(\dfrac{\tau_{wy} e^{-2kz} + \tau_{\text{ytributary}}}{\rho \nu_t}\right)^2}\, e^{-CR_i} \\ l_m = \Delta z_{\max} \end{cases} \tag{7}$$

式中，ν_t 为垂向涡黏系数；κ 为范卡门常数；l_m 为混合长度；u 为纵向流速；τ_{wy} 为因风而产生的横向剪应力；K 为波数；$\tau_{\text{ytributary}}$ 为因支流入流而产生的横向剪应力；ρ 为水体密度；C 为常数；Δz_{max} 为垂向网格间距的最大值；R_i 为理查森数。

W2 零方程模式通过 R_i 考虑了垂向密度梯度带来的紊动黏性变化，混合长则由网格垂向最大间距确定，这就使紊动黏性系数 v_t 的确定依赖于网格划分。W2 可通过原位观测率定相对合理的混合长，但率定难免将水温实测中的不确定因素带入其中，影响模型的适用性。

单方程模式增加了紊动动能的精确输运方程，但其难点仍在于长度比尺的确定。双方程模型解决了单方程模型长度比尺的确定难题，但在使用中如果采用完全的不可压缩假定，垂向温差引起的密度流不能通过浮力项影响涡黏系数，也将导致浮力流模拟的偏差。

立面二维模型垂向动量方程的差异主要在于是否采用了完整的垂向动量方程。完整的垂向动量方程和静水压力假定动量方程分别为：

$$\frac{\partial}{\partial t}(Bw)+u_i\frac{\partial}{\partial x_i}(Bw)=\frac{\partial}{\partial x_i}\left(Bv_e\frac{\partial w}{\partial x_i}\right)-\frac{B}{\rho_a}\frac{\partial p}{\partial z}+\beta B\Delta Tg+\frac{\partial}{\partial x_i}\left(Bv_e\frac{\partial u_i}{\partial z}\right) \tag{8}$$

$$\frac{1}{\rho}\frac{\partial p}{\partial z}=g\cos\alpha \tag{9}$$

式中，w 为垂向流速；P 为压强；T 为水温；ρ_a 为参考密度；B 为河宽；g 为重力加速度；β 为等压膨胀系数；v_e 为分子黏性系数 v 与紊动涡黏系数 v_t 之和。

与完整的垂向动量方程相比，静水压力假定忽略了垂向流速的时变项、对流项、扩散项，使得模型主要适用于流速的各向梯度变化不大的流动模拟，而在模拟存在明显上浮或者下潜现象的温差异重流时存在偏差。

5　预测结果合理性分析

水库水温模拟预测的结果是否合理需要通过对热量平衡、延迟时间等进行分析来确定。

表 2 列出了金沙江下游乌东德水库在平水年单独运行时的热量收支情况。从表 2 可知，水库在 6—9 月入库、出库热量占全年的 65% 以上，水库 3—5 月入库、出库热量的全年占比虽小，但出库热量总体小于入库热量，反映了此期间水库下泄低温水现象。

表 2　金沙江下游乌东德水库平水年的热量收支　　单位：10^{14}J

月份	水气界面净热量	入库热量	出库热量	热量差异
1	–42.5	2 480.8	2 768.7	330.4
2	79.2	2 103.4	2 177.2	–5.4
3	198.3	2 648.0	2 597.1	–249.2
4	252.3	3 324.9	3 033.1	–544.1
5	287.4	5 536.7	5 388.7	–435.4
6	211.1	10 317.4	12 509.1	1 980.6
7	700.4	18 861.4	19 424.4	–137.4
8	579.1	13 849.3	12 144.8	–2283.5
9	222.2	14 550.0	15 221.5	449.3

月份	水气界面净热量	入库热量	出库热量	热量差异
10	142.2	7 387.6	8 105.2	575.5
11	–57.0	3 367.8	3 929.1	618.3
12	–128.5	2 411.4	2 998.6	715.7
合计	2 444.3	86 838.7	90 297.7	1 014.7

对于调节性能较强的水库，其下泄水流的低温水降幅可以通过来流到达坝前的延迟时间做辅助分析。表 3 为四川宣汉县渠江支流前河土溪口水库的逐月径流量与库容的替换关系，替换次数与延迟时间均采用当月水位下的全库容计算，即假定水库整个断面参与流动。表中可见水库来流量年内分布极不均匀，典型平水年在 3—5 月的来流量仅占全年径流量的 25%，库中水体难以充分替换，11 月—次年 4 月，当月来流均不能完全替换当月库内水体；水库调节引起的低温来流延迟出库是较大低温水降幅主要成因。

表 3　土溪口水库典型平水年逐月径流量与库容的替换关系

月份	入库流量 / (m^3/s)	出库流量 / (m^3/s)	月末水位 / m	库容 / 亿 m^3	延迟时间	到坝日期	替换次数
1	7.9	14.3	555.8	1.336	96 天	4 月 21 日	0.2 次
2	6.5	15.3	548.8	1.107	72 天	4 月 28 日	0.1 次
3	8.0	16.9	540.0	0.861	46 天	4 月 30 日	0.2 次
4	26.4	26.0	540.0	0.861	20 天	5 月 5 日	0.8 次
5	71.9	83.8	526.0	0.535	9 天	5 月 24 日	2.8 次
6	35.6	35.3	526.0	0.535	16 天	7 月 1 日	1.7 次
7	47.2	47.0	526.0	0.535	17 天	8 月 1 日	2.4 次
8	27.0	26.8	526.0	0.535	16 天	8 月 31 日	1.4 次
9	116.0	115.8	526.0	0.535	5 天	9 月 20 日	5.6 次
10	48.2	10.8	561.0	1.530	80 天	次年 1 月 3 日	1.3 次
11	24.5	22.6	562.0	1.567	114 天	次年 3 月 9 日	0.4 次
12	10.7	15.4	558.1	1.421	117 天	次年 4 月 11 日	0.2 次

6　结语

本文对水库水温模拟预测中常见的主要问题开展了讨论，对直接影响模拟过程的现状水温确定、地形处理、气象资料处理与公式选择、垂向动量交换的模拟提出了具体方法与处理思路，对采用热量收支平衡、逐月径流量与库容关系等方法分析模拟结果的合理性进行了阐述。

由于数值模拟包括前后处理、离散方法与过程、计算控制、验证分析等多个环节，文中所涉仅为少数常遇问题，实际处理中需要在更多方面加以关注，如垂向一维计算中综合扩散系数的确定、河流水温计算中热源项处理、二维计算中水库泄流孔口喇叭口的概化、泄流孔口及周边最小网格尺寸的确定、多维嵌套中的界面传递、分层取水过程中的动边界处理、流场与温度场的匹配验证等。

参考文献

[1] 宋策，周孝德，等. 龙羊峡水库水温结构演变及其对下游河道水温影响 [J]. 水科学进展，2011，22（3）：421-428.

[2] 李钟顺，陈永灿，刘昭伟，等. 密云水库水温分布特征 [J]. 清华大学学报：自然科学版，2012，52（6）：798-803.

[3] 脱友才，刘志国，邓云，等. 丰满水库水温的原型观测及分析 [J]. 水科学进展，2014，25（5）：739-746.

[4] 李克锋，郝红升，庄春义，等. 利用气象因子估算天然河道水温的新公式 [J]. 四川大学学报：工程科学版，2006，38（1）：1-4.

[5] 张艳林，程国栋，等. 山区太阳辐射对水热过程影响的敏感性分析 [J]. 冰川冻土，2012，34（3）：650-659.

[6] 翁笃鸣，孙治安. 我国山地气温直减率的初步研究 [J]. 地理研究，1984，3（2）：24-34.

[7] 马方凯，江春波. 三峡水库近坝区三维流场及温度场的数值模拟 [J]. 水利水电科技进展，2007，27（3）：17-20.

水库水温模拟及预测研究概述

江春波　周　琦

（清华大学水利水电工程系，北京 100084）

摘　要：阐述了水库水温的研究意义及其影响因素，结合水温研究进展介绍了水库水温的计算方法，并对各方法的适用性及优缺点进行了评述。以工程实际中常用的确定性数学水温模型为例，总结了应用该水温模型时应注意的紊流模型选择、自由水面模拟方法、网格划分等问题。

关键词：水库；水温；分层；温跃层；预测

1　前言

我国西南地区水资源丰富，多个大型水电站已经建成或正在修建，如长江及支流已经建成的大型水电站有葛洲坝、三峡、向家坝等。金沙江下游正在修建或规划的大型水电站有溪洛渡、白鹤滩、乌东德等水利枢纽。雅砻江干流也规划建设 20 多个大型水电站，如锦屏一级、锦屏二级、两河口等，其中糯扎渡、二滩、小湾水电站已经建成或初具规模。高坝大库具有改变原有河道水体水温分布态势，特别是深水型水库在垂向上形成温度差，表层水温随气温季节性变化，底层水体则持续保持相对稳定的低温。

大型水利工程建设对河道水温及河道生态影响更为明显。鱼类等水生生物的繁殖和生长已经适应原有的天然水温，水生生物对水体水温具有一定的要求，而水库修建后电站下泄底层的低温水破坏了原有鱼类生境条件，影响了鱼类生活习性，甚至会导致原有河道鱼种特别是珍稀特有鱼类的灭绝；水稻、小麦等农作物从种子萌发到成熟的各个生育期对温度均有要求，灌溉水体温度过高或过低均会影响农作物的正常生长。因而水库水温分布特征及水库下泄水体水温变化的研究一直受到水利、农业及环保部门的关注。

水库下泄水温与库区水体温度分布以及水体流动特性是密切相关的，特别是坝前的复杂流动结构对水温分层影响不可忽视。在水工建筑物等引起水库几何地形突变的地方，水流运动往往具有明显的三维特征，紊动加剧对热量的传递将会引起水体温度分布的改变。

资助项目：国家自然科学基金（批准号：51279082）；国家自然科学基金国际（地区）合作与交流项目（51511130073）。

作者简介：江春波（1960—），男，吉林人，教授，博士，主要研究方向为水力学。E-mail: jcb@mail.tsinghua.edu.cn。

对水库水温分布特性的研究可以通过物理模型试验及数值计算的方法进行，如中国水利水电科学研究院和天津大学等[1-3]都开展了大量研究。清华大学、四川大学和西安理工大学等建立数学模型，对水库水温分布开展了模拟和预测研究[4-9]。模拟的水库有密云水库、三峡水库、二滩水库、紫坪铺、丰满等水库。梯级水电站的开发，导致河道水温受到多个水库运行的累积影响[5, 10]，如邓云等[5]模拟了雅砻江锦屏一级和二滩两个电站联合运行时水温的累积影响。陆俊卿[11]采用剖面二维模型和三维耦合浮力流 k-ε 计算漫湾水库库区三维水温。

对水库水温模型的研究表明，一维和二维水温模型受模型参数的限制，预测的结果不能反映局部区域水流的三维流动特性，直接导致下泄水温与实测结果有一定的偏差，而三维模型在实际应用中受计算网格尺寸以及数值模拟技术等条件的限制，给出取水口等局部区域水流细微的三维流动过程需要局部加密网格。三维水温模拟结果表明，在取水口等地形变化大的区域附近，温度等值线极度弯曲，表明温度分层水体的三维流动会剧烈影响水温分布，水库流动的三维效应对水温的分布有重要的影响。

2 水库水温数学模型

2.1 水温数学模型分类

水库水温模型从数学方法上分类，有回归模型、随机数学模型、经验公式模型和确定型数学模型[12]。

回归模型主要由简单线性回归、多元回归和逻辑回归模型组成。简单线性回归主要用于预测水温，仅需利用水库和气象条件作为输入参数。相比简单回归模型，多元回归也可用于预测河流水温，变量参数除了气温外，还包括流量、时间数据等。回归模型中输入参数包括气温、太阳辐射、水体深度等，模型主要用于预测气温和水温的相关关系。

随机性水温模型是一种比较简单的模型，该模型主要根据统计数据进行分析，以气温作为输入参数，主要用于模拟日均水温，也用于模拟气候变化下气温与水温的关系。该类模型应用上较简单，适用范围广。

经验公式模型：为了准确预测河道水温的远程变化规律，许多学者根据工程经验或分析大量水温数据之后提出了各种计算河流水温的经验公式，如水电部东北勘测设计院张大发以国内 16 座水库实测水温资料提出的东勘院法，中国水科院的朱伯芳以国内外 15 座水库实测水温资料为基础，通过余弦函数总结出水库水温的周期性变化规律。其中运用气象因子估算河道水温的经验公式较为常见。

确定性水温模型主要根据地形因素和气象因子等模拟水库水温，该模型根据水体质量守恒、动量守恒及热量平衡建立方程式。考虑了河流中能量交换和混合作用，可用于分析水库蓄水下泄水温对下游河道生态影响。确定性模型通过输入不同的水文及气象参数（如流量、太阳辐射、风速等），分析不同场景下水库水温的分布特性，为水库运行及河道生态保护提供科学依据。

确定性数学模型根据空间维数可分为零维模型、垂向一维模型、立面二维及平面二维模型、三维模型。确定性数学模型可以较详细地模拟出空间不同位置水温随时间的变化，能提供的信息比较多，随着计算机及计算技术的快速发展，确定性数学模型得到越来越多的应用。本文将重点讨论确定性数学模型的建立及其应用等方面的问题。

深水型水库多关心密度垂向分层出现的时间和地点。不同的水库，由于库水密度分布所形成的重力作用与库内水流所形成的混合作用的程度不同，垂向分层强弱的差异较大。研究上将密度分层由强到弱依次划分为分层型、过渡型和混合型三类。关于分层的判别方法和标准，有代表性的有两种：库水交换次数法和密度弗劳德数法[13]。

为了使数学模型能更好地反映水下地形的起伏，模型常通过垂向方向上坐标变换使得模拟简便易行，如在垂直方向采用 Sigma 坐标系[9]的方法。为避免出现水深接近于零的情况，模型设置了最小水深，强制使网格水深不小于最小水深。任华堂等[9]的紊流模型采用目前在大气和海洋中广泛应用 2.5 阶的 Mellor-Yamada 模型，应用 Sigma 坐标变换模型对三峡水库正常蓄水后库首 105 km 范围内的水温分布作了预测，并根据现有实测资料对预测结果的合理性进行了分析。

2.2 水温预测的商业软件

ELCOM 是西澳大学水研究中心开发的三维水动力模型，可用于湖泊水库温度与盐度的时空模拟，结合其他模型还可进行三维水流物理及生化过程模拟。该模型已成功应用于流域温度、电导率、生化参数等时空变化的模拟[14]。

武汉大学李兰等[15-16]采用 EFDC 模型对水库水温进行模拟。该模型基于三维水动力学方程组，在水平方向上采用曲线正交坐标变换，在垂直方向上采用 Sigma 坐标变换。应用 EFDC 模型模拟了二滩水库 2006 年 3—7 月的水温变化过程。垂向紊动黏性系数和扩散系数采用 Gelperrin 等修正的 2.5 阶 Mellor-Yamada 紊流闭合模型。垂向紊动黏性系数（A_v）和水平方向紊动扩散系数（A_b）分别计算。对于自由水面的模拟情况，需要进行深入讨论。

Fluent 软件也常应用于水库水温模拟计算。水体密度随温度变化关系式可用通过指定宏的方式加载到 Fluent 软件[17]。在湍流模型的选用上，对计算精度有较高要求的情况下宜选用 RSM 模型，而在地形或流态复杂且对模拟精度要求不高的情况下，可选具有良好适用性的 k-ε 模型。

Mike3 模型对雷诺平均的 N-S 方程进行求解，根据谢才公式或曼宁公式来计算底部边界层的紊流剪切应力，根据二次摩擦定律来计算水面上的风应力，并可以根据不同的计算情况和计算精度要求来选择 5 种不同的紊流模型。马腾[18]选择了 k-ε 紊流模型，该紊流模型对模拟温跃层的适用性有待于深入探讨。

3 水温模型应用时需注意的问题

3.1 温跃层模拟的紊流模型选取

三维水流及水温的控制方程如下：

$$\frac{\partial \overline{u}_j}{\partial x_j}=0,\ （j=1, 2, 3 \text{ 求和}） \tag{1}$$

$$\frac{\partial \overline{u}_i}{\partial t}+\frac{\partial}{\partial x_j}\left(\overline{u}_i\overline{u}_j\right)+\frac{\partial}{\partial x_j}\left(\overline{u'_i u'_j}\right)=-\frac{1}{\rho_0}\frac{\partial \overline{p}}{\partial x_i}+\frac{\partial}{\partial x_j}\left(\overline{\tau}_{ij}\right)+\frac{\Delta\rho g}{\rho_0}\delta_{i3} \tag{2}$$

$$\frac{\partial \overline{\theta}}{\partial t}+\frac{\partial}{\partial x_j}\left(\overline{\theta}\,\overline{u}_j\right)+\frac{\partial}{\partial x_j}\left(\overline{u'_j\theta'}\right)=\frac{\partial}{\partial x_j}\left(k\frac{\partial \overline{\theta}}{\partial x_j}\right)+S_c \tag{3}$$

式中，j=1, 2, 3 求和；i 为自由指标，i=1, 2, 3；u_i 为流速分量；P 为压强；$\overline{\tau}_{ij}$ 为黏性应力；θ 为水温；κ 为热扩散系数；S_c 为通过水表面吸热或放热的源项；ρ_0 为水体的参考密度；$\Delta\rho$为温度变化引起的密度差值。

式（1）为水流的连续方程。式（2）为水流的动量方程，i=1, 2, 3，分别对应三个方向的动量方程，其中 i=3 对应垂向动量方程。在垂向动量方程中包含水体密度差引起的浮力项，在水库水流模型中，也常常把垂向动量方程简化为静水压强方程，使得计算简化。式（3）为水温的控制方程。

在水温的对流扩散方程中，垂向紊动扩散项 $-\overline{u'_3\theta'}$（u'或 w' 为垂向脉动流速，θ' 为水温脉动量）的模拟对温度分层水流的模拟需要特别注意。对于水温分层（或密度分层）问题，在温跃层附近垂向紊动通量 $-\overline{u'_3\theta'}$ 及紊流黏性系数受到抑制，属于各向异性紊流。因此，湍流模型的选取需要引起特别注意，表 1 显示了常用紊流模型的紊动特性及对密度流模型的适用性。

表 1　水温预测常用紊流模型比较

紊流模型	紊动特性	是否适合对密度流的模拟
k-ε 双方程模型	各向同性	不适合，计算相对简便
RNG k-ε	改进模型	优于 k-ε 模型
RSM 雷诺应力模型	各向异性	适合，但计算费时
ARSM 代数应力模型	各向异性	适合

3.2　自由水面模拟

对于河道（或水库）比较长的情形，水面落差比较显著，自由水面变化影响流场，进而影响温度分布。目前水库水温计算，多数使用具有计算自由表面功能的商业软件，在模拟过程中为简便起见，水面多按不变的水平面处理。自由水面变化对温度分布的影响需要进一步探讨。

水气两项流模型可以模拟出自由水面的位置，但需要注意水面上气体参与计算后对水面热辐射及散热项的影响。

Sigma 坐标变换方法可以比较容易地反映地形及水面变化。但由于垂向分层是根据水深 h 进行的，如 h/2、h/3 作为一层。由于不同位置水深是不相同的，输出结果的信息不在同一高程上，给结果的理解和应用带来不便。部分模拟工作，简单地把水面取为水平面，这对结果的影响不宜忽略。

3.3 网格划分及提高运算速度

（1）温跃层附近网格划分

由于在温跃层附近，温度垂向梯度较大，网格划分要足够密集才能正确模拟出温跃层。同时由于温跃层垂向位置随着水库取水口放流条件及平面位置而变化，这些给网格划分都带来特殊要求。

（2）取水口尺寸与网格划分

与水库的水深相比，水库的取水口尺寸较小，因此网格划分时需要对取水口大小进行考虑。特别是对于叠梁门分层取水问题，取水口位置在垂向上变化，因此要求网格在垂向划分要足够密，以便反映真实取水口的位置。过密的网格往往会使计算工作量过大，特别是对于三维计算。因此，网格局部加密与提高运算速度是水温模拟中需要考虑的问题。

（3）垂向尺度与水平方向尺度差异较大

对于河道或库区水温模拟问题，一般顺河流方向的距离远远大于水深，因此，顺流方向的网格尺度远远大于垂向网格尺度。当不同方向网格尺寸相差过大时，对跃温层的影响需要注意。

4 结语

（1）水库建设改变了河道及库区的水温分布规律，深水型水库产生的温度分层现象以及梯级水电站的修建，水库水温分层级下泄水温给下游河道带来生态影响。水库水温变化规律的研究对水利工程建设管理和环境保护具有重要意义。

（2）国内外对水库水温的研究已开展不少，可选用的计算方法也很多。一维、二维模型应用虽广泛，由于模型忽略了较多物理因素，难以描述流场与温度场之间的相互作用。对于深水型水库的水温问题，水流及温度分布特性决定了三维流动特征，需要开展三维数值模拟。在水库水温的实际计算中，应统筹考虑工程运行、气象条件、地形条件、生态条件等各方面因素，选用合适的水温模型，正确合理地划分计算网格，以达到既精确又高效地完成模拟水库水温的目标。

参考文献

[1] 高学平，陈弘，李妍，等．水电站叠梁门分层取水流动规律及取水效果 [J]. 天津大学学报，2013，46（10）：895-900.

[2] 郑铁刚，孙双科，柳海涛，等．大型分层型水库下泄水温对取水高程敏感性分析研究 [J]. 水利学报，2015，46（6）：714-722，731.

[3] 刘兰芬，张士杰，刘畅，等．漫湾水电站水库水温分布观测与数学模型计算研究 [J]. 中国水利水电科学研究院学报，2007，5（2）：87-94.

[4] 陈云良，伍超，叶茂，等．水电站进水口水流流态的研究 [J]. 水动力学研究与进展，2005，3：

340-345.

[5] 邓云，李嘉，李克锋，等 . 梯级电站水温累积影响研究 [J]. 水科学进展 , 2008，19（2）：273-279.

[6] 邓云，李嘉，罗麟 . 河道型深水库的温度分层模拟 [J]. 水动力学研究与进展，2004，19（5）：604-609.

[7] 江春波，张庆海，高忠信 . 河道立面二维非恒定水温及污染物分布预报模型 [J]. 水利学报，2000（9）：20-24.

[8] 马方凯，江春波，李凯 . 三峡水库近坝区三维流场及温度场的数值模拟 [J]. 水利水电科技进展，2007，27（3）：17-20.

[9] 任华堂，陈永灿，刘昭伟 . 三峡水库水温预测研究 [J]. 水动力学研究与进展：A 辑，2008，23(2)：141-148.

[10] 陈凯麒，王东胜，刘兰芬，等 . 水电梯级规划环境影响评价的特征及研究方向 [C]. 联合国水电与可持续发展研讨会文集，2004.

[11] 陆俊卿，张小峰，强继红，等 . 水库水温数学模型及其应用 [J]. 水力发电学报，2008，27（5）：123-129.

[12] 保文秀，陆颖，国怀亮 . 河流水温预测方法研究进展 [C]. 2014 中国环境科学学会学术年会，2014.

[13] 钱小蓉，廖红 . 水库水温预测模型研究 [J]. 重庆大学学报：自然科学版，1997，20（3）：134-140.

[14] Vilhena L C，Hillmer I. The role of climate change in the occurrence of algal blooms：Lake Burragorang，Australia[J]. Limnology and oceanography，2010，55（3）：1188-1200.

[15] 甘衍军，李兰，武见，等 . 基于 EFDC 的二滩水库水温模拟及水温分层影响研究 [J]. 长江流域资源与环境，2013，22（4）：476-485.

[16] 李兰，武见 . 梯级水库三维环境流体动力学数值预测和水温分层与累积影响规律研究 [J]. 水动力学研究与进展：A 辑，2010，25（2）：155-164.

[17] 唐笑，程永光 . 基于 FLUENT 的水库水温多维预测 [J]. 武汉大学学报：工学版，2010（1）：59-63.

[18] 马腾，刘文洪，宋策，等 . 基于 MIKE3 的水库水温结构模拟研究 [J]. 电网与清洁能源，2009（2）：68-71.

二、水温观测及规律研究

水库水温结构及其与下泄水温变化关系的探讨

薛联芳[1] 颜剑波[2]

（1. 水电水利规划设计总院，北京 100011；2. 中国电建集团中南勘测设计研究院有限公司，长沙 410014）

摘　要：根据水库坝前垂向水温分布的特点，水库水温结构可分为分层型、过渡型、混合型三大类。影响水库水温结构的因素很多，主要有来水水温、气象条件、径流特征、水库特性和运行方式。通过研究我国不同地域、不同规模的 20 多座水库实测水温资料，分析了水库水温结构变化规律。分析结果表明，径流 - 库容比（α 值）是影响水库水温结构最主要的因素，并且与下泄水温存在良好的对应关系，可根据 α 值初步估算下泄水温变化范围。

关键词：水库水温结构；下泄水温；径流 - 库容比；取水；高程

1　前言

现有研究表明，水库水温在时间上按年进行周期性变化[1-2]。在空间上，水库水温在纵向、横向和垂向均呈现一定的规律：一般的水库水温在横向上的变化较小，只是在库岸、浅滩附近或有洪水入库扰动时，横向水温有一定差异[3]；纵向上，深泓线平均水温一般在升温期自库尾向坝前沿程递减，降温期则沿程递增；对于近坝区的水库水体，不考虑洪水冲击的特殊时刻，水库等温线基本是水平的；水库垂向水温分布最为复杂，也最能反映水库水温的空间分布特征；水库水温在空间的分布可近似简化为沿水深分布的一维模型[4]。目前，国内外对水库水温结构的研究大多是基于单个水库水温实测资料的验证或数学模型预测分析，对多个水库水温结构的规律研究较少[5-6]。本文基于国内多个水库坝前水温的观测数据，对水库水温结构及其影响因素进行分析研究，发现水温结构主要受径流 - 库容比（α 值）的影响，并针对不同水温结构初步分析了 α 值与下泄水温的相关关系。

作者简介：薛联芳（1964—），男，福建上杭人，教授级高级工程师，硕士，主要研究方向为水电环境保护。E-mail: xuelianfang@236.net。

2 资料来源及研究水库的代表性

本文采用的国内20多座水库水温数据均是水库水温实测资料，选取的20多座水库覆盖不同调节性能（多年调节、年调节、季调节和日调节）和不同地区（北方和南方、东北和西部等）的水库，研究对象具有一定的代表性。

3 水库水温结构分类

目前，国内外对水库水温结构基本上采用三类划分法：分层型、过渡型（也称弱分层）、混合型。分层型水温结构特征是升温期库表水温明显高于中下层水温而出现温度分层，比较典型的是具有温变层、温跃层和滞温层的三层水温分布。

混合型水温结构特征是一年中任何时间库内水温分布比较均匀，库表和库底水温梯度很小。

过渡型水温结构特征是同时具有混合型和分层型的水温分布特征。夏季库内经常出现很强的温跃层，温度梯度较大，具有分层型的特征。可是库底水温一年当中变化很大，又与混合型相似。

三种类型的水库水温结构概念模型见图1[7]。

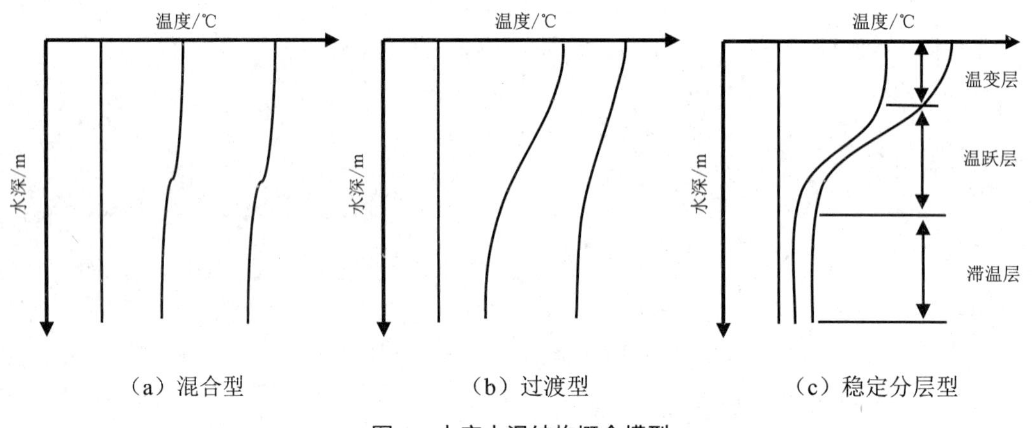

图1 水库水温结构概念模型

4 不同水库水温结构的变化规律

本文通过研究国内多个水库的坝前水温观测资料发现，水库水温结构与α值关系基本符合水温结构“α值判别法”表示的相关关系：$\alpha < 10$，水温分布类型为分层型；$\alpha > 20$，水温分布类型为混合型；$10 < \alpha < 20$，水温分布类型为弱分层型（本文称为过渡型）。此外，对于$\alpha < 10$的分层型水库，当$\alpha < 5$时，水温结构为稳定分层型，这类水库一般为多年调节性能的水库；当$5 < \alpha < 10$，水温结构为较稳定分层型，这类水库一般为不完全多年调节或年调节性能的水库，见表1。

表 1　水库水温类型与 α 值的相关关系

序号	水库名称	调节性能	实测水温结构	α 值	α 值判别水温结构	备注
1	东江水库	多年调节	分层型	0.57	分层型	稳定分层
2	新丰江水库	多年调节	分层型	0.61	分层型	稳定分层
3	新安江水库	多年调节	分层型	0.64	分层型	稳定分层
4	响洪甸水库	多年调节	分层型	0.81	分层型	稳定分层
5	龙羊峡水库	多年调节	分层型	0.82	分层型	稳定分层
6	滩坑水库	多年调节	分层型	1.07	分层型	稳定分层
7	湖南镇水库	多年调节	分层型	1.66	分层型	稳定分层
8	丰满水库	不完全多年调节	分层型	1.72	分层型	稳定分层
9	三板溪水库	多年调节型	分层型	1.83	分层型	稳定分层
10	桓仁水库	年调节	分层型	2.03	分层型	稳定分层
11	水布垭水库	多年调节	分层型	2.19	分层型	稳定分层
12	天生桥一级	不完全多年调节	分层型	2.30	分层型	稳定分层
13	光照水库	多年调节	分层型	2.59	分层型	稳定分层
14	皂市水库	年调节	分层型	2.61	分层型	稳定分层
15	江垭水库	年调节	分层型	2.64	分层型	稳定分层
16	龙滩水库	年调节	分层型	3.13	分层型	稳定分层
17	上犹江水库	年调节	分层型	4.13	分层型	稳定分层
18	大黑汀水库	年调节	分层型	4.30	分层型	较稳定分层
19	柘溪水库	季调节	分层型	6.63	分层型	较稳定分层
20	安康水库	不完全年调节	分层型	7.20	分层型	较稳定分层
21	乌江渡水库[8]	季调节	过渡型	7.36	分层型	较稳定分层
22	安砂水库	季调节	分层型	7.88	分层型	较稳定分层
23	二滩水库[9]	季调节	过渡型	9.79	分层型	较稳定分层
24	凤滩水库	不完全年调节	过渡型	11.17	弱分层型	—
25	董箐水库	日调节	过渡型	14.23	弱分层型	—
26	五强溪水库	季调节	混合型	18.36	弱分层型	—
27	富春江水库	日调节	混合型	68.27	混合型	—
28	凌津滩水库	日调节	混合型	430.72	混合型	—

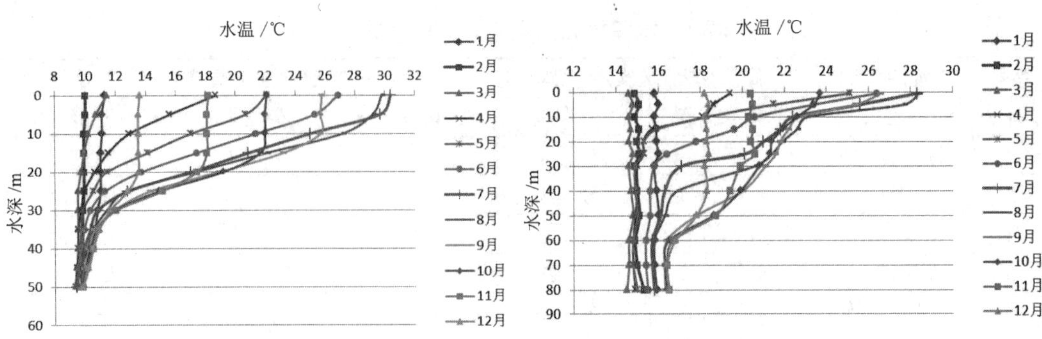

（a）新安江水库水温垂向分布（α=0.6，分层型）　（b）光照水库垂向水温分布（α=2.6，分层型）

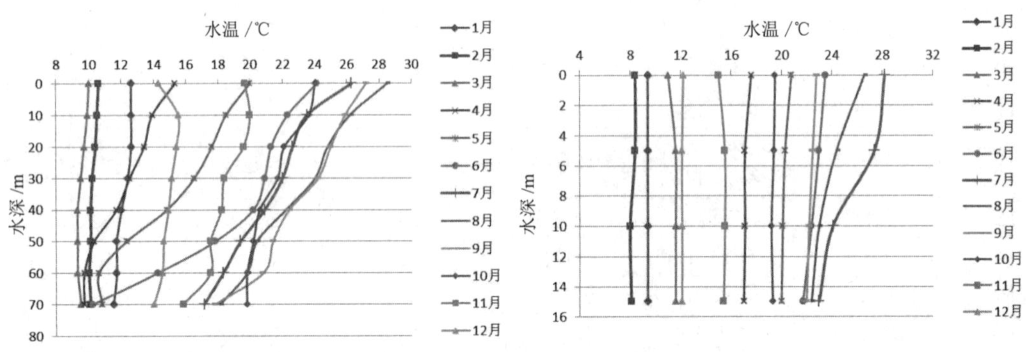

（c）风滩水库水温垂向分布（α=11.2，过渡型）（d）富春江水库水温与水深关系（α=68.3，混合型）

图 2　代表性水库的水温结构分类

表 1 反映了水库水温结构和 α 值有很高的相关关系，α 值越大，水库中可能交换的水体越多，水体掺混程度越高，垂向水温温差越小。有研究认为水库水体发生交换的首先是取水口以上部分的水体，对同一水库，取水口位置设置得越低，温跃层也分布得越低 [10-11]。本文针对不同 α 值的水库，结合取水口分布进一步验证了水库水温主要受径流 - 库容比影响：

当 α < 5 时，发生水体交换的主要是取水口高程以上的水体，因此变温层基本分布在取水口高程以上，取水口高程以下水体水温变化很小，这类水库水温呈现稳定分层的特征，如东江水库、光照水库。

当 α > 5 时，取水口高程以下水体也频繁参与水体交换，变温层发展到进水口高程以下，进水口高程以下水体水温变化显著增大，如柘溪水库、安康水库。水库坝前水温分布与取水口高程的关系见图 3。

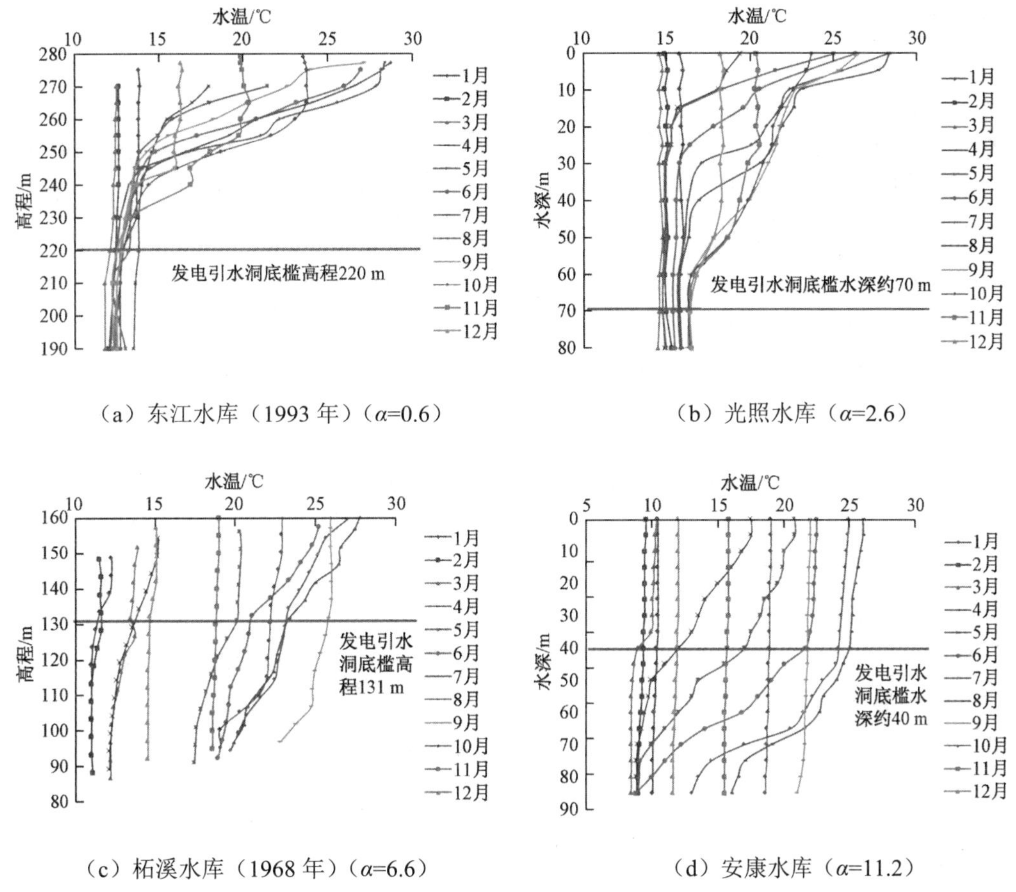

（a）东江水库（1993 年）（α=0.6）　（b）光照水库（α=2.6）

（c）柘溪水库（1968 年）（α=6.6）　（d）安康水库（α=11.2）

图 3　水库坝前水温分布与取水口高程的关系

5　不同 α 值的水库下泄水温变化分析

本文通过对国内多座水电站建库前后入库水温、出库水温资料的研究分析，发现水库下泄水温变幅与水库 α 值也有较好的对应关系，对 α 值很小的稳定分层型水库，下泄水温比较稳定。随着 α 值增大，水温结构由分层型逐渐向过渡型转变，出库水温影响逐渐减小。几个典型水库 α 值与出库水温变化值见表 2。

表 2　几个典型水库 α 值与出库水温变化值

电站	α 值	出流孔口淹没深度 /m	春夏季降温 /℃	冬季升温 /℃	建库前年变幅 /℃	建库后年变幅 /℃	相位变化 / 月
天生桥一级	2.3	60	5.4	7.0	11.3	4.9	1
柘溪	6.6	30	4.7	3.0	25	20	1
安康	7.2	60	5.0	4.9	21.3	14.8	1
溪洛渡	11.2	80	1.3	2.3	11	9	1
向家坝	27.9	50	0.5 ～ 1.2	0.3 ～ 1.0	10	9	0.5

6 结语

本文根据我国不同地域、不同规模的 20 多座水库实测水温资料，分析发现水库水温结构主要受径流 - 库容比（α 值）影响。水库水温结构变化规律基本符合水温结构判别“α 值判别法”描述的对应关系，且对于 $\alpha < 10$ 的分层型水库，当 $\alpha < 5$ 时，水温结构为稳定分层型，这类水库一般为多年调节性能的水库；当 $5 < \alpha < 10$，水温结构为较稳定分层型，这类水库一般为不完全多年调节或年调节性能的水库。由于水温垂向分布受来水水量影响较大，当 $\alpha < 5$ 时，水库取水口高程以上库容一般较大，取水口高程以下的水体由于很难被交换，其水温变化很小，这类水库水温呈现稳定分层的特征。当 $\alpha > 5$ 时，取水口高程以下水体也频繁参与水体交换，变温层发展到进水口高程以下，进水口高程以下水体水温变化显著增大。

进一步研究发现，水库水温结构不仅与 α 值有较好的相关关系，出库水温的变化与水库 α 值也有较好的对应关系。对 α 值很小的稳定分层型水库，下泄水温比较稳定，对出库水温影响较大。随着 α 值增大，水温结构由分层型逐渐向过渡型转变，对出库水温的影响逐渐减小。

随着人们生态保护意识的增强，水电工程开发产生的低温水问题越来越受到公众的关注。本文基于国内多个水库的水温实测资料，总结了水库水温结构、下泄水温变化与径流 - 库容比的相关关系，可为水电工程水温影响预测提供参考。

参考文献

[1] 张大发 . 水库水温分析及故事 [J]. 水文，1984（1）：19-27.

[2] 朱伯芳 . 库水温度估算 [J]. 水利学报，1985（2）：12-21.

[3] SDJ 214—83 水利水电工程水文计算规范 [S].

[4] 岳耀真，赵在望 . 水库坝前水温统计分析 [J]. 水力水电技术，1997，28（3）：2-7

[5] 陶美，逄勇，等 . 洪水对水库水温分层结构的影响 [J]. 水资源保护，2013，29（3）：38-44.

[6] 邓云，李嘉，李克锋，等 . 紫坪铺水库水温预测研究 [J]. 水利水电技术，2003，34（9）：50-52.

[7] 戴凌全，李华，等 . 水库水温结构及其对库区水质影响研究 [J]. 红水河，2010，29（5）：30-35.

[8] 龚朝蜀 . 乌江渡水电站水库坝前水温分析 [J]. 水电自动化与大坝监测，1991，04：39-45.

[9] 袁琼 . 二滩拱坝实测库水温度分析研究 [J]. 水电站设计，2006，22（2）：27-33.

[10] 郝红升，李克锋，等 . 取水口高程对过渡型水库水温分布结构的影响 [J]. 长江流域资源与环境，2007，16（1）：21-25.

[11] 任华堂，陶亚，等 . 取水口高程对阿海水库水温分布的影响 [J]. 应用基础与工程科学学报，2010，18：84-91.

雅砻江二滩水库库区及下泄水温分布规律原型观测研究

蒋　红

（中国电建集团成都勘测设计研究院有限公司，成都　610072）

摘　要：二滩水库为河道型深水水库，坝前水深达 188 m，1998 年建成蓄水发电。目前国内已有的水库水温实测资料，多为水深 100 m 以下的水库，百米以上水库的水温分布规律研究较少。在实施原型观测及收集后续原型观测，同时收集坝址下游小得石水文站长系列的水温观测资料的基础上，对坝前、库区纵向、下泄水温进行多方面的归纳总结，得出二滩水库库区及下泄水温的分布特征，为揭示大型河道型水库水温分布规律提供基础。

关键词：水库水温；垂向水温结构；下泄水温；水温分布时间节律

1　引言

二滩水电站位于四川省攀枝花市境内，坝址距市区 46 km，是雅砻江下游梯级开发的第一座水电站。坝高 240 m，坝顶长 774.69 m；坝体设 7 个表孔、6 个中孔及右岸两条泄洪洞等泄洪设施；左坝头上游约 150 m 为深孔岸塔式发电进水口，进水口底板高程为 1 128 m。左岸地下厂房装 6 台机组，总装机 330 万 kW；发电尾水通过两条尾水隧洞排向下游。水库于 1998 年 5 月下闸蓄水，1998 年 8 月第一台机组并网发电，2000 年竣工。

二滩水库为河道型深水库，其水温特性及分层取水问题是水利水电工程及生态恢复学研究内容之一，也是进行生态保护和恢复的重要基础。目前，我国水库水温的计算及分层取水有关技术，主要基于 20 世纪 60—80 年代的研究成果。由于受当时技术、经济等条件的制约，研究成果多针对中小型和湖泊型水库，与目前兴建的工程具有较大的差异。随着人们对环境和生态认识水平的提高，有关水库水温理论和实践的研究都有待于进一步发展。为此，以二滩水库为研究对象，开展了较为长期连续的水温原型观测研究。

资助项目：“十二五”科技支撑计划重大水利水电工程生态保护技术及标准规范研究（2012BAC06B01）。

作者简介：蒋红（1967—），女，浙江人，教授级高级工程师，博士，研究方向为环境水利学。E-mail: jianghong83411@126.com。

2 材料与方法

2.1 研究区域

二滩水库由干流雅砻江库区和支流鳡鱼河库区两部分组成，为典型的河道型深水库。水库正常蓄水位 1 200 m，对应水库面积 101 km^2，总库容 57.9 亿 m^3，其中主库区库容为 47.2 亿 m^3，鳡鱼河库区 10.7 亿 m^3；最大水深 188 m，平均水深 57.4 m，干流库区回水长 145 km，平均宽度约 400 m；支流库区回水长 40 km，部分库段宽达 1 000 m。

2.2 研究方法

（1）水库水温观测

①观测布点

A．断面布设

为保证监测断面位置的准确性，库区各监测断面均结合已立牌布设的泥沙观测断面及现场查勘进行确定。干流库区共选取了 13 个监测断面，支流库区选取了 5 个监测断面。各区段的监测断面见表 1 和表 2。

表 1　干流库区监测断面位置　　单位：km

项目	干 1#	干 2#	干 7#	干 10#	干 13#	干 14#	干 15#	干 17#	干 20#	干 24#	干 30#	干 34#	金河大桥
距坝距离	0.7	0.9	10.5	18.4	29.1	31.0	40.4	49.3	60.7	80.0	95.7	111.6	120
间距		0.4	9.8	8.9	10.7	0.9	9.4	8.9	11.4	19.3	15.7	20.3	8.4

表 2　支流库区监测断面位置　　单位：km

项目	支 12#	团山岛	支 3#	支 5#	支 51#
距汇口距离	1.6	5.6	11.1	20.7	22.0
间距		4.0	5.5	9.6	1.3

B．观测垂线及垂线上测点的布设

水温立面二维分布规律的观测共布设 17 个断面，雅砻江干流布设了 11 个观测断面，分别是干 2#、干 7#、干 10#、干 13#、干 15#、干 17#、干 20#、干 24#、干 30#、干 34# 和金河大桥；支流布设 5 个观测断面，分别是支 12#、团山岛、支 3#、支 5# 和支 51#。在每个断面的中部设置 1 条垂线进行观测。

横断面水温观测共设置了 3 个断面，分别是干 1#、干 14# 和支 51# 断面。

干 1# 断面紧邻大坝，河床形态呈“V”字形，共布设了 5 条垂线，各测线距左岸基准点分别为 130 m、230 m、330 m、430 m、630 m。干 14# 断面位于胜利乡境内，布设了 5 条垂线，各测线距左岸基准点分别为 180 m、280 m、380 m、480 m、580 m。支 51# 断面位于鳡鱼河库区盐边县渔门镇，断面开阔，库底相对平坦，共布设了 7 条垂线，各测线距左岸基准点分别为 160 m、310 m、460 m、610 m、760 m、910 m、1 060 m。

垂线的观测顺序从水面测到库底，间距按 0.2 m、0.7 m、1 m、2 m、库底进行。原则上每隔 1 m 设一测点，遇温跃层加密测点，遇恒温层加大测点。干 1# 断面除按上述规定外，为便于与大坝温度计观测成果进行对比，在 1 144 ～ 1 199 m 高程点每 5 m 设一个测点，1 124 ～ 1 144 m 高程每 10 m 设一个测点，1 004 ～ 1 124 m 每 15 m 设一个测点。

②观测频次

各断面的监测时段略有不同，立面二维水温分布的监测主要在 2000 年冬季、春季和夏季进行，横断面的水温分布规律的监测连续进行了两年。各断面的监测时段见表 3。

表 3　干流、支流监测断面监测频次一览

<table>
<tr><th>断面名称</th><th>监测频次</th></tr>
<tr><td colspan="2">干流库区</td></tr>
<tr><td>干 1#</td><td>1999 年 12 月—2000 年 11 月，2001 年 1—12 月</td></tr>
<tr><td>干 2#</td><td rowspan="4">1999 年 9 月，2000 年 1 月，2000 年 4 月，2000 年 7 月</td></tr>
<tr><td>干 7#</td></tr>
<tr><td>干 10#</td></tr>
<tr><td>干 13#</td></tr>
<tr><td>干 14#</td><td>1999 年 12 月—2000 年 11 月，2001 年 1—12 月</td></tr>
<tr><td>干 15#</td><td rowspan="7">1999 年 9 月，2000 年 1 月，2000 年 4 月，2000 年 7 月</td></tr>
<tr><td>干 17#</td></tr>
<tr><td>干 20#</td></tr>
<tr><td>干 24#</td></tr>
<tr><td>干 30#</td></tr>
<tr><td>干 34#</td></tr>
<tr><td>金河大桥</td></tr>
<tr><td colspan="2">支流库区</td></tr>
<tr><td>支 12#</td><td rowspan="4">1999 年 9 月，2000 年 1 月，2000 年 4 月，2000 年 7 月</td></tr>
<tr><td>团山岛</td></tr>
<tr><td>支 3#</td></tr>
<tr><td>支 5#</td></tr>
<tr><td>支 51#</td><td>1999 年 12 月—2000 年 11 月，2001 年 1—12 月</td></tr>
</table>

③观测方法

A．仪器设备

水温监测工作采用美国金泉仪器公司（Yellow Springs Instrument Co.,Inc.）生产的 YSI58 型数字式溶解氧测量仪和成都探路者商用技术有限公司生产的 DJ-2000A 深水测温仪两种设备；两仪器的水温测量范围、准确度和分辨率分别为：YSI58 型数字式溶解氧测量仪是 –5 ～ 45℃、±0.3℃、0.1℃；DJ-2000A 深水测温仪是 –20 ～ 70℃、±0.1℃、0.1℃。

测船的定位采用托普康公司生产的 GTS—210 型电子全站仪，该仪器可自动跟踪、自动记录。

B．观测步骤

对 YSI58 型数字式溶解氧测量仪、DJ-2000A 深水测温仪及全站仪进行检查，保证测试过程中仪器正常运行；在左基点用全站仪控制各垂线的位置，测量人员指挥测船开到指定地点，并保持在 5 m 范围内；测前必须对仪器进行校对，校对完成后进行测量，并记录时间、气温等相关数据。

（2）下泄水温观测

二滩水电站坝址下游约 12 km 处分布有小得石水文站，该水文站建站于 1957 年，至 2010 年已累积了 53 年水文资料，水温观测资料有 26 年，即 1960—1962 年、1988—2010 年，可客观反映电站建成前后温度的变化。如不考虑 1998 年和 1999 年水温资料，将 1988—1997 年观测资料代表蓄水前水温，2001—2010 年共 10 年的观测资料代表蓄水后水温，对建库前后的水温进行对比。

利用水温还原计算推测小得石水文站建成后 1999 年的天然水温，将实测与天然进行对比，分析建成后水温变化规律。

3 结果

3.1 库区水温分布规律

立面二维水温观测成果及分析：

（1）干流库区监测成果

如前所述，干流库区共布设了 11 个断面，进行水温观测，观测成果统计分析见图 1。

根据图 1，可以总结出如下规律：

①冬季入库流量最小（监测时流量约为 549 m^3/s），库尾低温水体对水库水温结构影响较小，影响范围主要在库尾 35 km 范围内；春季入库流量仍维持较小水平（监测时流量约为 516 m^3/s），但入库水温明显升高，入流对水库水温结构影响较大，影响范围主要分布在库尾 70 km 范围内；夏季入库流量大（监测时入库流量约为 2 279 m^3/s），水温较高，入流对全水库水温结构均造成一定影响。

②各个季节坝前水温均有明显分层。冬季除库尾 35 km 库段外，全库区水温明显分层；春季水库纵向可分为两部分，坝前 70 km 为分层区域，其后约 50 km 库段基本为混合区域；夏季坝前约 50 km 为分层区域，其后约 70 km 库段基本为混合区域。

③冬季库表与库底温差在 3.7 ～ 4.9℃；春季库表与库底温差在 1.3 ～ 8.6℃；夏季库表与库底温差在 6.1 ～ 9.7℃。

（2）支流库区监测成果

鳡鱼河库区长约 40 km，本次研究对象为临近干流的 20 km 库段，由监测结果可以总结出该库段水温具有如下分布规律：

①因支库入流量小，水体交换较为缓慢，水温分层结构稳定，等温线基本呈水平分布；

②因水体滞留时间长于主库，各季节库表水温均高于主库区；

③春季库表与库底温差为 7.6 ～ 8.6℃，与主库区基本相同；夏季为 10.3 ～ 11.6℃，

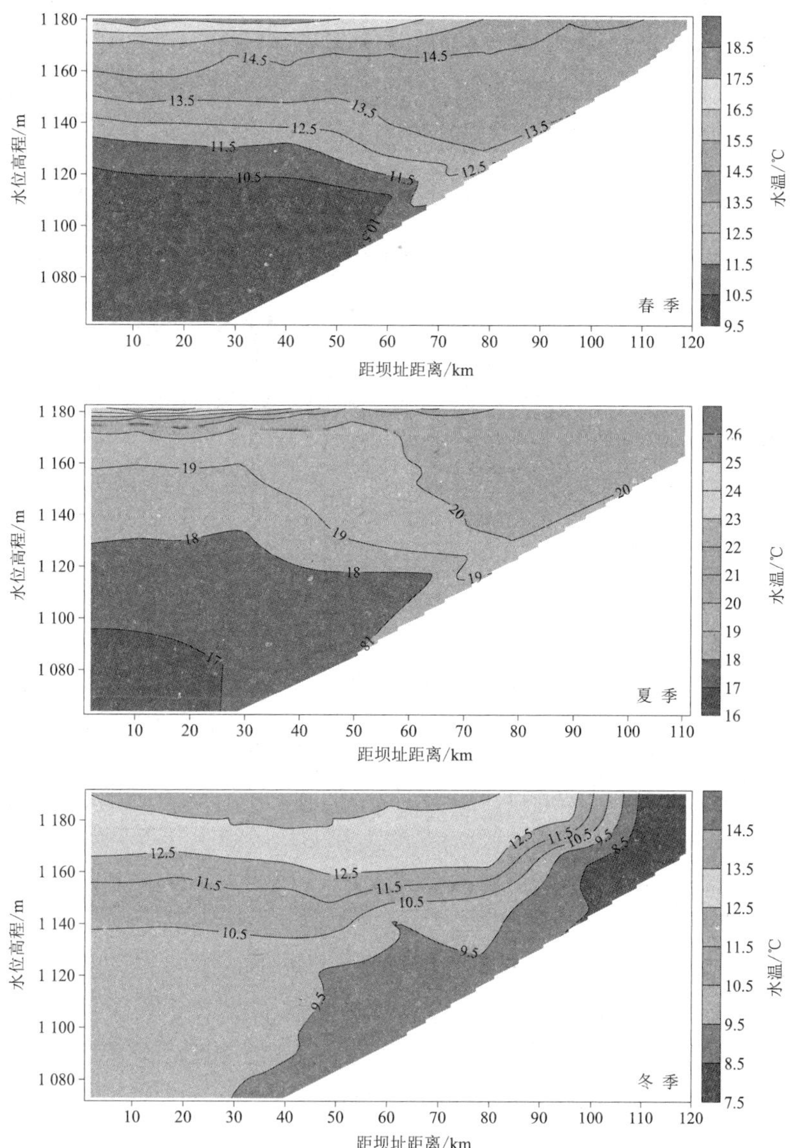

图 1　干流库区立面水温分布

高于主库区；冬季为 4.0 ～ 4.3℃，略高于主库区。

（3）垂向水温结构

干流库区坝前水温垂向分布见图 2。垂向水温结构主要有 3 类，分别是两层、三层和四层。冬季为典型的三层水温结构，表层为温水层，厚约 25 m；中部为温跃层，厚为 10 ～ 20 m，温差为 3 ～ 4℃；下部为滞温层，厚约 125 m；库表与库底水温差约 4℃，库底水温基本稳定在 9℃。春季水库处于供水期，水位下降，同时气温迅速回升，致使垂向水温呈现典型的两层结构，表层的温水层完全或基本消失，库底仍维持在较低水平。夏季月呈现出四层水温结构，双温跃层结构明显，库表与库底水温差可达 17℃。秋季因夏季蓄热及水体掺混作用显著，库底水温显著升高，水温再次呈现两层结构。

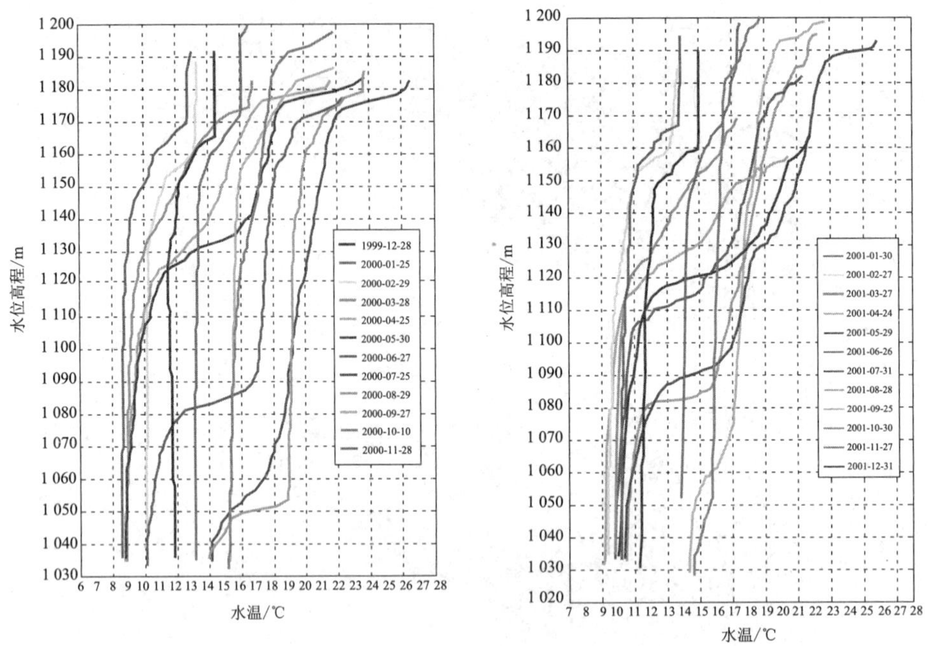

图 2　2000 年及 2001 年坝前垂向水温分布

水温分布沿纵向存在滞后现象，坝前断面比胜利断面库底升温滞后约 1 个月。

支流库区，因其水体交换迟缓，水温结构与干流库区有较大区别。水温垂向分布结构多为两层或三层，有时接近全混合状态，基本无双温跃层结构分布。库底水温变化较大，无相对稳定低温水体。

3.2　下泄水温变化分析

（1）建库前后系列对比

采用 1988—1997 年观测资料代表蓄水前水温，采用 2001—2010 年共 10 年的观测资料代表蓄水后水温，对比结果见图 3。

①平均水温

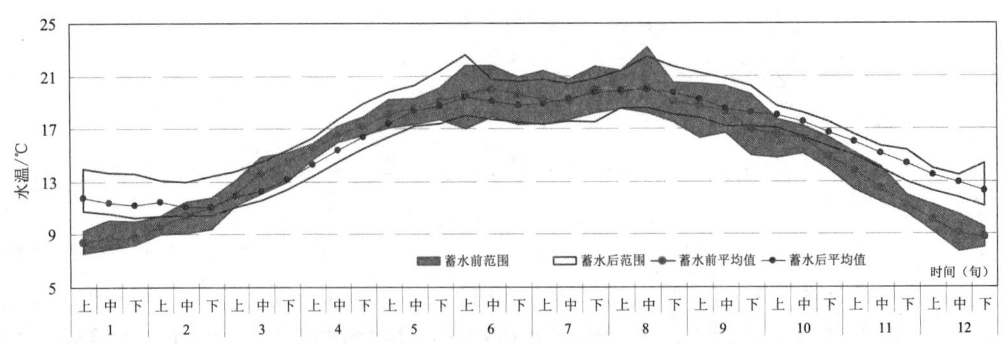

图 3　建库前后水温分布范围示意

水库形成后，8 月一次年 2 月共 7 个月水温增高，12 月增幅最大，为 3.6℃；3—7 月共 5 个月水温降低，4 月降低幅度最大，为 1.2℃；建库后水温变化较小的是 3 月、6—9 月共 5 个月，月平均水温差别小于 0.5℃，历年最大～历年最小的变化范围也基本一致，与建库前天然状态水温基本一致。

无论是时段，还是幅度，增温效应均强于降温，年平均水温也增加 0.8℃；年较差变小，建库前是 11.1℃，建库后是 9℃。

②逐月平均水温变幅

水库形成前，逐月平均水温历年的变幅为 2.0 ～ 4.0℃，夏季变幅较大，冬季较小。

水库形成后，逐月平均水温历年的变幅为 1.4 ～ 5.0℃，变幅最大的是 4 月、5 月，9 月变幅最小。

水库形成后，1—5 月变幅增大，5—12 月变幅减小。

历年年平均水温变幅增大，建库前 13 年内为 1.5℃，建库后 6 年内达 2.2℃。

（2）同步观测系列对比

打罗、湖三滩水文站位于二滩水库库尾，两站集水面积分别为：109 775 km^2 和 110 117 km^2，相差甚微，按照水温规范的相关规定，两站资料可合并使用，简称打罗（湖三滩）站。

湖三滩站距雅砻江河口 184 km，设立于 1993 年 6 月，主要测验项目有水位、流量，水温的观测年限是 1995—1997 年，共 3 年的观测资料。

打罗站建于 1998 年 7 月，是二滩水电站的入库水文站，距河口距离 178 km，主要测验项目有水位、流量、含沙量等，水温的观测年限是 1999—2006 年，共 8 年的观测资料。

利用二滩建库前打罗（湖三滩）站的 1995—1997 年 3 年月平均河道水温实测资料与小得石站的同步水温观测资料建立两站的相关关系，相关分析表明两者的相关系数高达 0.993，具有很好的相关性，见图 4。

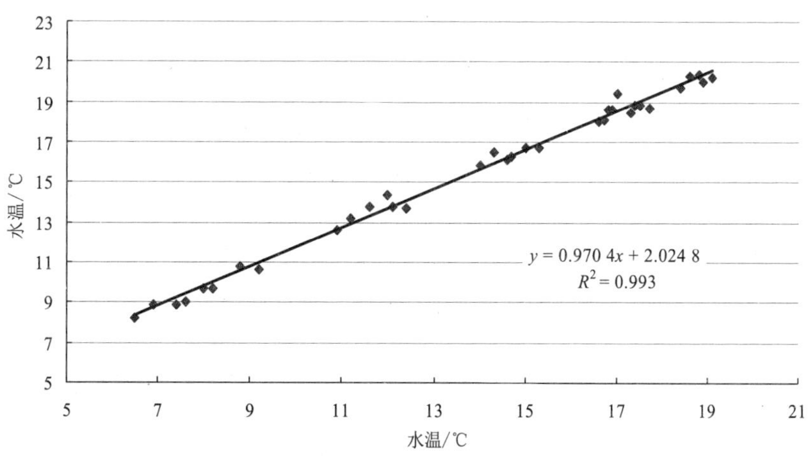

图 4　打罗（湖三滩）站与小得石站水温相关性分析曲线

利用该相关关系及打罗（湖三滩）站 1999—2006 年二滩水库建成后的水温实测值，可推算小得石水文站天然河道水温，即同步天然河道水温，将该水温与建库后小得石水文站实测水温进行对比，分析二滩水库建成后河道天然水温的变化，结果见表 4。

表 4 小得石水文站水温同步观测成果对照

年份	项目	1 月	2 月	3 月	4 月	5 月	6 月	7 月	8 月	9 月	10 月	11 月	12 月	年平均
1999	天然河道	8.8	11.1	13.6	16.8	18.8	19.3	20.0	20.0	18.4	16.6	12.7	9.7	15.5
	水库下泄	11.5	11.0	12.6	15.3	17.9	18.9	19.2	20.0	18.4	17.4	15.2	12.8	15.9
	差值	2.7	–0.1	–1.0	–1.5	–0.9	–0.4	–0.8	0.0	0.0	0.8	2.5	3.1	0.4
2006	天然河道	8.8	11.1	14.1	16.6	18.6	19.3	21.3	21.7	19.7	17.0	12.9	9.8	15.9
	水库下泄	10.8	10.9	12.4	15.2	17.8	17.9	20.4	21.4	20.1	17.8	15.5	13.2	16.1
	差值	2.0	–0.2	–2.0	–1.4	–0.8	–0.4	–0.9	–0.3	0.4	0.8	2.6	3.4	0.2

水温对比结果表明，水库下泄水温与天然水温相比，10 月—次年 1 月为升温期，3—7 月为降温期，水温变化较小的是 2 月、8 月、9 月共 3 个月，从温度变幅方面分析，增温效应强于降温效应。年较差变小，建库前是 11.2℃，建库后是 9℃。

4 讨论

4.1 水库水温特点

通过对雅砻江第一座水库立面二维和横断面水温分布规律的原型观测研究，以及下泄水温变化规律的研究，并将研究成果与三峡水库进行对比，以期得到共性的结论。

（1）二滩水库的特点

二滩库区气候具有干季、雨季分明的特点。干季为 11 月—次年 5 月，受西风环流南支控制，具有冬春晴天多、降雨稀少、湿度小，日照多等特点；雨季为 6—10 月，受西南季风控制，具有湿度大、水汽充沛、雨日多等特点。库区的多年平均气温为 19.2℃，年日照时数在 2 300 ～ 2 700 h，热量资源丰富，且主要集中在 3—5 月。

二滩水库的开发任务主要为发电，按照供电的需求及工程的发电效益综合考虑，水库的运行方式为汛期 6 月或 7 月蓄水，一般至 7 月中旬蓄满，然后按照电网调峰要求尽量维持正常蓄水位 1 200 m 运行；12 月—次年 5 月供水，水库水位消落至死水位 1 155 m，最大消落深度为 45 m。

二滩水库主库区的 α 值为 8.13，7 天洪量的 β 值为 0.54，枯水季节蓄水至正常水位 1 200 m 时 Fd 值为 0.06，5 月水库降至死水位时，Fd 值为 0.4，水库具有较明显的分层特征。水体的平均滞留时间为 45 天，是天然河道滞留时间的 23 倍。

（2）三峡水库特点

三峡库区也是河道型水库，水库长 660 km，水库面积 1 084 km^2，水库平均水深 41 m，坝前水深 170 m。库区属亚热带季风气候，具有冬暖春早、夏热伏旱、秋多雨、湿度大及云雾多等特征。库区的多年平均气温为 17 ～ 19℃，年日照时数 1 300 ～ 1 700 h，与二滩库区相比，热量资源不丰。

三峡工程的开发任务有防洪、航运和发电。水库的运行方式与二滩有所不同，其正常蓄水位为 175 m，防洪限制水位 145 m，枯季消落水位 155 m；每年的 5 月末至 6 月初，腾出防洪库容，坝前水位降至汛期防洪限制水位 145 m；汛期 6—9 月，水库保持汛限水位；汛末 10 月，水库蓄水至正常蓄水位 175 m；12 月—次年 4 月，水电站按电网调峰要求运行，水库尽量维持在较高水位；1—4 月水库供水，4 月末以前水位最低高程不低于枯水季消落低水位 155 m。

三峡水库 α 值约为 11，略大于 10，枯水季节蓄水至正常水位 175 m 时，Fd 值为 0.46，水库不会形成稳定的温度分层结构，但也不排除出现弱分层现象。水库水体的平均滞留时间是 33 天，是天然河道滞留时间的 7 倍。

（3）**水库水温特性**

二滩水库干流库区沿纵向可分为两个区域：分层库段和混合库段，且随着入库流量的不同各库段的长度不同，夏季坝前约 50 km 库段为分层库段，冬季坝前约 85 km 库段为分层库段；坝前垂向水温分布结构主要有 3 类，分别是两层、三层和四层，四层水温结构主要发生在夏季，为双温跃层结构，库表与库底水温差可达 17℃；三层水温结构主要发生在冬季，库底恒定温度约为 9℃；两层结构多发生在春、秋季；坝前水温分布沿纵向也存在滞后现象，坝前断面比距坝 31 km 的胜利断面库底升温滞后约 1 个月。

三峡水库干流水体整体垂向混合较好，底层水温随表层水温同步变化，主库水体未出现大范围内稳定的温度分层结构，但在局部时段（4—6 月）和局部区域（如近坝区、支流汇口下游）存在一定范围的水温分层现象。蓄水前，库区寸滩（距坝址 606 km）至巴东（距坝址 78 km）河段水气热交换较弱，水温沿程变化微弱，各月沿程变化率均小于 0.2℃ /100 km；水库蓄水后，升温期 4—5 月库表形成显著的沿程降温现象，4 月降温率达到 0.9℃ /100 km；降温期 10 月—次年 1 月则表现出明显的沿程升温，11 月升温率达到 0.3 ～ 0.5℃ /100 km，沿程升温及降温规律发生变化。巴东站蓄水前后表层年均水温基本不变，但年内水温分布（见图 5）出现滞后现象，试验性蓄水期（2008—2012 年），峰值滞后约 1 个月，谷值滞后约 1.5 个月。

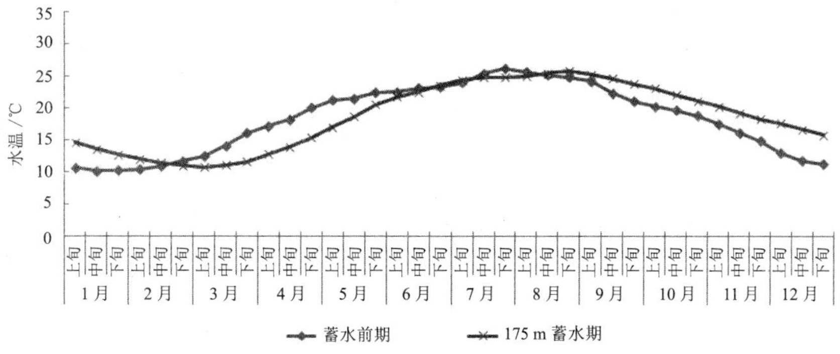

图 5　三峡水库蓄水前后巴东站表层水温年内分布示意

4.2 下泄水温分布特点

（1）二滩水库下泄水温

坝下小得石断面在二滩水库蓄水前（1988—1997 年）水温年均 15.2℃，最高水温 20.1℃，出现在 8 月中旬；最低水温 8.4℃，出现在 1 月上旬。蓄水后（2001—2010 年）水温年均 15.9℃，最高水温 20.0℃出现在 8 月中旬，最低水温 11.1℃出现在 2 月上旬、中旬。水温峰值滞后不明显，但谷值滞后约 1.5 个月。无论是时段，还是幅度，增温效应均强于降温，年平均水温也增加 0.7℃；年较差变小，建库前是 11.7℃，建库后是 8.9℃。

水库形成后，8 月—次年 2 月共 7 个月水温增高，12 月中旬增幅最大，为 3.8℃；3—7 月共 5 个月水温降低，3 月下旬和 4 月上旬降低幅度最大，为 1.3℃；建库后水温变化较小的是 7—9 月，月平均水温差别小于 0.3℃，历年最大～历年最小的变化范围也基本一致，与建库前天然状态水温基本一致。

（2）三峡水库下泄水温

坝下黄陵庙（坝下 2 km）断面蓄水前期（1984—2003 年）水温年均 18.5℃，最高出现在 7 月下旬，为 26.2℃，最低出现在 1 月下旬，为 10.6℃；175 m 蓄水期（2008—2013 年）年均 18.9℃，最高出现在 8 月下旬，为 25.7℃，最低温出现在 3 月上旬，为 11.6℃。水温峰值滞后 1 个月，谷值滞后约 1.5 个月；年平均水温也增加 0.4℃；年较差变小，建库前是 15.6℃，建库后是 14.1℃。

三峡坝下水温过程发生明显的春夏季低温水和秋冬季高温水现象。对比黄陵庙断面 175 m 蓄水期与蓄水前期，8 月中旬—次年 2 月下旬水温升高，12 月下旬增幅最大，为 4.5℃；3 月上旬—8 月上旬水温降低，4 月中旬降低最多，为 5.1℃。

4.3 探讨

二滩水库和三峡水库均为典型的河道型水库，水库的长宽比分别为 362 ∶ 1 和 600 ∶ 1。水库形成后水体体积分别为建库前的 23 倍和 7 倍；水体的平均滞留时间为 45 天和 33 天，同样是天然河道的 23 倍和 7 倍。以上数据表明两水库均有狭长、水体体积增大、滞留时间加长的特点，且二滩水库增加的程度强于三峡水库。

两水库的水温分布结构有所不同，库尾段均为全混合状态，坝前段二滩水库全年均有分层现象，三峡水库仅在 4 月、5 月出现分层现象。二滩水库为典型的水温分层型水库；三峡为水温混合型水库，仅局部时段出现分层现象，这与两水库的特性指标是协调一致的。

从下泄水温的变化来看，虽然两水库的垂向水温分布结构不同，但下泄水温均呈现出春夏季降温、冬季升温的现象；且水温年分布曲线均有滞后现象，谷值滞后略明显于峰值；由于最低温度变高，导致年较差减少，水温分布曲线平坦化。

二滩水库水体是原天然河道水体的 23 倍，水体的滞留时间达到 45 天，加之库区的热量资源丰富，天然河道全年具有沿程增温的特点，水库水体的蓄热效应明显，多年平均年均下泄水温增加了 0.7℃，最大升温达到 3.8℃，降温为 1.3℃，其水温分布曲线也呈现出整体升温效应强于降温。

三峡水库于 2008 年开始试验性蓄水，仅就现有的资料来看，水库水体是原天然河道水体的 7 倍，水体的滞留时间为 33 天，库区的热量资源不丰，日照时间为二滩库区的 60%，加之两岸高山林立，对太阳辐射的遮蔽作用等方面的原因，天然状态下水温沿程 1—5 月呈现出降温的状态，7—11 月出现升温的状态，升温及降温幅度均较小；水库形成后，下泄水温与天然水温发生较为显著的改变，最大增幅及降幅均大于二滩水库下泄水温，其原因及机理有待进一步监测和研究。

无论是二滩水库还是三峡水库建成后都对下游河道水温产生了影响，使天然河道水温分布节律发生变化，二滩水库因其水温分布结构与三峡不同，其下泄水温改变的规律和机理也不同，呈现出的结果却有相似之处，即春夏季降温和冬季升温的现象，对水生生态系统及水生生物的影响需进一步开展相关研究。

参考文献

[1] 黄永坚 . 水库分层取水 [M]. 北京：水利电力出版社，1986.

[2] 蒋红 . 河道型深水库水温结构及分层取水研究 [D]. 成都：四川大学，2007.

[3] 邓云，李嘉，李克锋，等 . 紫坪铺水库水温预测研究 [J]. 水利水电技术，2003，34（9）.

[4] 郭文献，夏自强，王鸿翔，等 . 近 50 年来长江宜昌站水温变化的多尺度分析 [J]. 水力学报，2008，39（11）.

[5] 郭文献，王鸿翔，夏自强，等 . 三峡 - 葛洲坝梯级水库水温影响研究 [J]. 水力发电学报，2009，28（6）.

[6] 王悦，叶绿，高千红 . 三峡库区 175 m 试验性蓄水期间水温变化分析 [J]. 人民长江，2011，42（15）.

水温自动观测系统在梯级电站水温影响研究中的应用

颜剑波　张德见　张侃侃
（中国电建集团中南勘测设计研究院有限公司，长沙 410014）

摘　要：水温是水电开发影响的一个重要环境因子，科学评价梯级电站开发对水温的影响需全面了解各梯级水库及下游水温变化。由于常规水文站点空间分布的局限性，利用水文站水温数据往往不能满足水温影响评价要求，补充现场水温观测是获取水温数据的主要途径之一。以沅水流域梯级电站水温影响研究为例，分析了流域水温在线自动观测的效果，并对开展流域水温长期在线观测提出了建议。

关键词：水温自动观测系统；梯级电站；水温影响；沅水

1　前言

随着水电开发由单个电站向流域梯级开发推进，水温的累积影响引起了广泛关注，分析研究已建梯级电站水温累积影响显得十分重要[1]。目前研究梯级电站水温累积影响主要有两类方法：一是基于实测资料的调查研究方法[2]，二是数学模型方法[3]。调查研究方法对水温基础数据要求较高，数学模型法对水温基础资料要求相对较低，但也需要部分水温资料进行模型参数的率定和验证。如何取得丰富有效的水温观测资料是准确评价梯级电站水温累积影响的关键。水文站是获取水温资料的主要途径，但是有些流域水文站点较少，部分水文站不进行水温观测，依据现有水文站水温资料进行梯级电站水温影响评估往往不能满足要求。为弥补水温资料的不足，目前主要依靠人工方法定期对某些断面进行水温观测。人工定期观测方法虽然简单，但是在开展流域多断面水温观测时，水温观测数据的同步性难以满足。随着水环境观测设备和无线传输技术的进步，水环境实时在线监测技术应用越来越广，目前实时在线监测主要应用在常规水文要素、水质要素监测上[4-6]。本文以沅水流域为例，说明水温在线自动观测在梯级电站水温影响研究中的应用，分析了流域水温在线自动观测的效果，并对开展流域水温长期在线观测提出了建议。

作者简介：颜剑波（1984—），男，湖南邵阳人，工程师，硕士，主要研究方向为水电水利工程环境保护。E-mail: 691112653@qq.com。

2 沅水流域水电开发概况

沅水是洞庭湖水系“湘资沅澧”四水中水量最大的河流，也是我国十三大水电基地之一。沅水发源于贵州省东南部，自西南向东北至常德德山流入洞庭湖。沅水干流全长 1 028 km，总落差 1 033 m，德山以上流域面积 90 000 km^2。沅水左岸较大支流有酉水、武水、辰水、[illegible]USD水，右岸较大支流有溆水、巫水、渠水。目前，沅水干流规划的梯级电站中，除革东、渔潭电站外，其他电站基本已建成，各电站开发基本情况见表 1。沅水流域水系及电站分布见图 1。

表 1 沅水干流梯级电站开发基本情况

项目	革东	三板溪	挂治	白市	托口	洪江	安江	铜湾	清水塘	大洑潭	渔潭	五强溪	凌津滩	桃源
控制流域面积 / 万 km^2	0.77	1.11	1.14	1.65	2.46	2.46	4.02	4.17	4.21	4.62	5.39	8.38	8.58	8.72
多年平均流量 /（m^3/s）	158	240	250	364	540	751	846	876	878	989	1 160	1 939	2 013	2 160
正常蓄水位 /m	510	475	322	300	250	190	166	154	140	130	115	108	51	39.5
正常蓄水位库容 / 亿 m^3	1.11	37.48	0.42	6.14	12.49	1.95	2.17	2.11	1.15	2.11	0.69	30.58	1.53	1.28
调节特性	周	多年	日	年	年	日	日	日	日	日	日	季	日	无
装机容量 /MW	80	1 000	150	420	830	270	170	180	140	240	100	1 200	270	176
建设情况	规划	已建	已建	已建	已建	已建	已建	已建	在建	已建	规划	已建	已建	已建

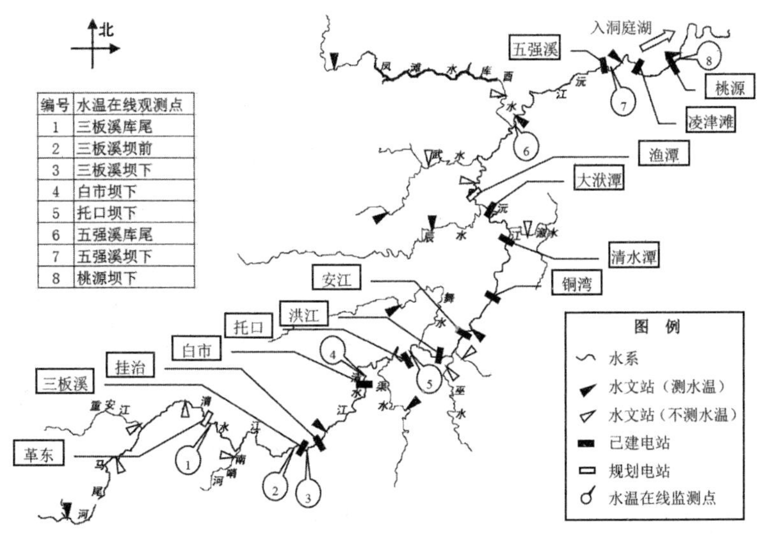

图 1 沅水流域梯级电站及水文站点、水温自动观测点位分布

3 水温自动观测系统建设

3.1 水温自动观测断面布置

沅水干流在历史上分布有 7 个水文站，其中进行水温观测的有 5 个，由于梯级电站开发，部分水文站进行了搬迁重建，目前进行水温观测的仅有 3 个。为科学评价梯级电站建设对沅水干流水温的影响，结合现有水温测站分布情况，在沅水干流补充了 8 个水温自动观测站点，从上游至下游分别是：三板溪库尾、三板溪坝前、三板溪坝下、白市坝下、托口坝下、五强溪库尾、五强溪坝下、桃源坝下（见图 1）。其中，三板溪坝前为水库垂向水温观测站点，其他均为河道水温观测站点。

3.2 水温自动观测系统组成单元及功能

水温自动观测系统由数据监测中心、水温自动观测站、通信设备组成。

数据监测中心的通信服务器主要负责实时信息接收、校验分析、数据入库、数据解码、通信监测、数据查询、数据编辑、实时告警及事件记录等，并且具备接入包括 GPRS、固定 IP、邮件传送、北斗卫星点对点等多种通信方式。

水温自动观测站由测温传感器、遥测终端（RTU 控制器）、太阳能供电等单元设备组成。测温传感器采用高精度单总线温度传感器，安装在测温断面代表垂线处的水下各测点上。遥测终端（RTU 控制器）采用超低功耗数据采集器，自动采集各点水温数据，通过 GPRS 方式主信道发送（可选北斗卫星通信），并且数据进行本地 U 盘备份存储。通信设备采用 GPRS 无线通信方式，将数据发送至监测中心。由于水温监测站的功耗很小，整套系统采用太阳能 + 光板的供电方式。

水温自动观测系统结构见图 2。

3.3 水温传感器的布设方法

对于坝下河流（或库尾）水温自动观测站点，观测气温并在水面以下 0.5 m 处布设温度传感器，为防止水下温度探头出现故障影响数据连续，采用主次温度探头进行冗余备份。

对于三板溪坝前垂向深水水温监测站点，需根据观测水体的最大水深，以及温跃层可能出现的范围，进行水下温度传感器的具体布设。三板溪坝前水深超过 140 m，为保证数据的可靠性，采用三条水下专用垂线温度链以及水下专用电缆进行温度探头布设。以浮标船锚链系统为载体，每条垂线温度链根据水温梯度情况不等距布置多个温度探头。由于温度链采用单总线通信，采用三条垂线，可以避免由于某个温度探头损坏而影响其他温度数据。垂线温度传感器的布设示意见图 3，三板溪垂向水温自动观测站现场布置见图 4。

在温度链的最下端，安装一个压差式水位计，在对温度进行采集的同时，启动水位数据转换，便于后期资料整编时，观察实际的水深数据以及温度链的漂浮角度，进行测深相对应的温度数据还原。

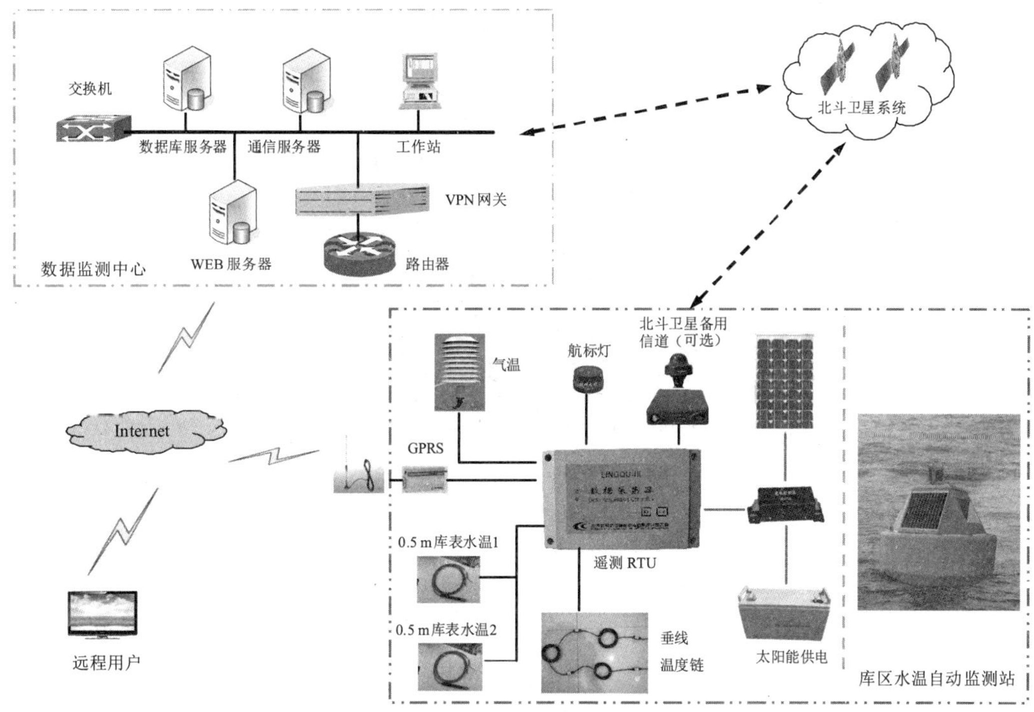

图 2　水温自动观测系统组成

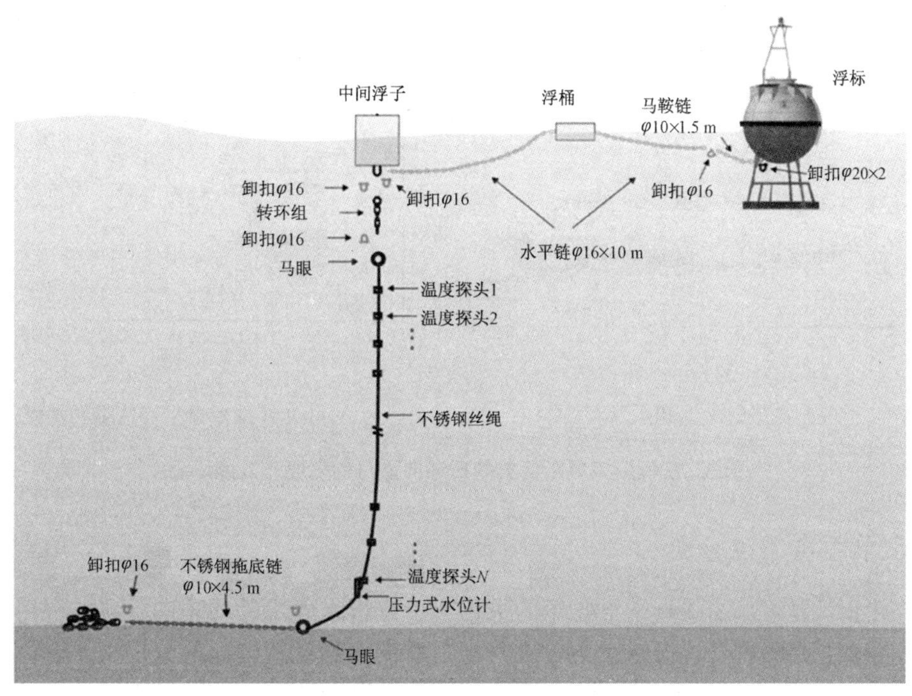

图 3　垂向温度传感器布设示意

图 4　三板溪垂向水温自动观测站

4　水温观测结果分析

4.1　入库水温分析

根据三板溪库尾水温观测站点收集的数据，可分析入库水温变化以及入库水温和气温的相关关系。以三板溪库尾断面为例，入库水温主要受气温影响，两者具有一定的相关性。由于水体的比热容比空气大，水温变化幅度比气温的变化幅度要小。典型日及典型月的入库水温与气温的变化见图 5。

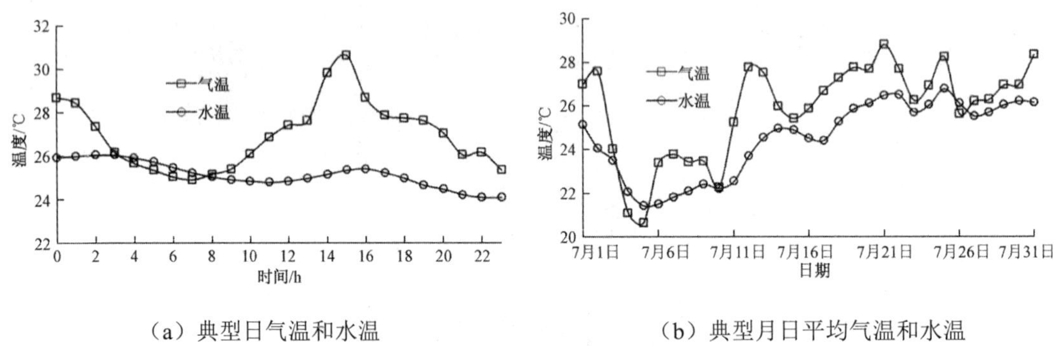

（a）典型日气温和水温　　　　（b）典型月日平均气温和水温

图 5　三板溪库尾断面典型日和典型月的气温与入库水温

4.2　坝前垂向水温分析

根据水库垂向水温观测站点收集的数据，可分析水库水温的垂向分布。根据三板溪坝前垂向水温观测数据，三板溪 7—10 月坝前垂向水温呈现典型的分层型水温结构，见图 6。温跃层分布在水下 40 ～ 80 m，80 m 以下为滞温层，库底水温变幅较小，保持在 10 ～ 11℃。在整个观测时段库表和库底水温在 8 月相差最大（达 16℃）。

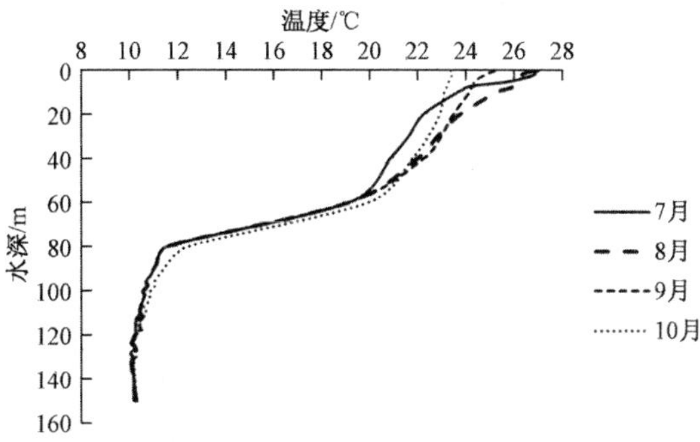

图 6　三板溪水库坝前典型月垂向水温分布（2015 年 7—10 月）

4.3　出库、入库水温分析

根据三板溪入库断面和坝下断面水温观测站点收集的数据，可分析入库和出库水温变化及两者之间的关系。从三板溪 6—10 月的出入库水温观测数据来看，三板溪出库水温变化较小，出库水温日变化幅度在 1℃以内，整个观测期出库水温在 20 ～ 22℃变化，入库、出库水温差在 8 月达到最大，相差最大时出库水温比入库水温低 6.5℃。三板溪典型时段入库水温和出库水温对比见图 7。

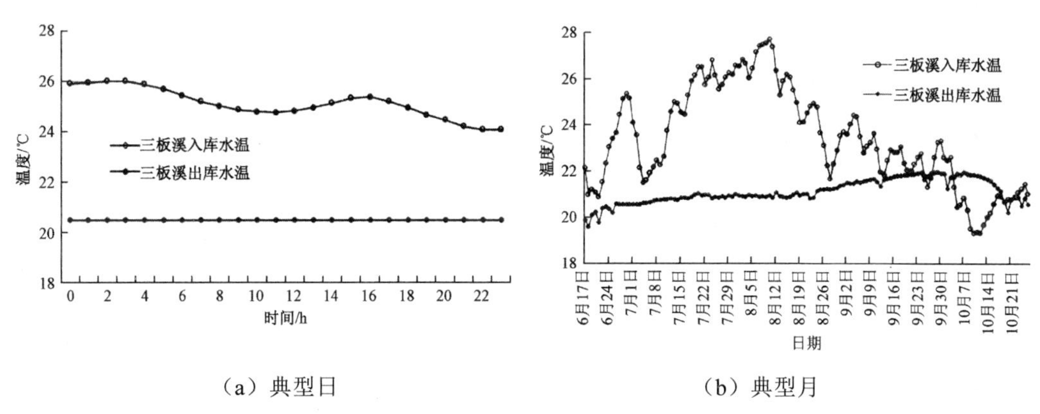

（a）典型日　　（b）典型月

图 7　三板溪水库典型时段入库水温和出库水温对比

4.4　沿程水温变化分析

根据流域多站点水温同步在线观测数据，可分析水温沿程水温的变化。分析沅水干流 7 个河道水温的观测数据（不包括三板溪坝前垂向水温观测点），梯级电站开发后，沅水干流水温从三板溪库尾至洞庭湖入湖口呈现先降后升的总体趋势：三板溪作为龙头水库，也是干流唯一的多年调节型水库，对水温的影响最大，三板溪下泄的低温水经过挂治、白市电站调蓄后水温上升约 1.5℃，经托口电站后可能受支流渠水汇入影响水温下降约 1℃，托口下游干流水温逐渐回升，达到桃源坝下水温，基本接近三板溪入库水温。

沅水干流典型时段的沿程水温变化见图 8。

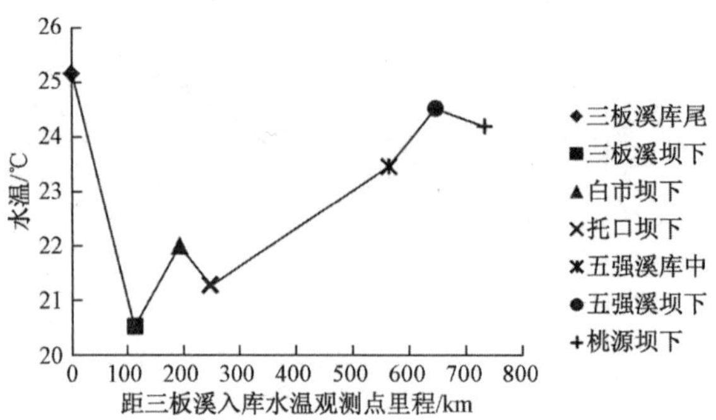

图 8　沅水干流典型时段的沿程水温变化

5　水温自动观测系统安装经验及建议

水温观测不同于水位、水质观测，有其特殊性。在实施沅水流域水温自动观测系统前，对水温观测点经过了充分的现场查勘和比选。库尾的水温观测一般依托相对固定但又能随水位变化浮动的渔船布置，坝下水温观测一般依托电站水位井布置。总体上水温观测位置遵循以下原则：选取水流交换条件较好，能代表河段主流水温；运行可靠，不容易被人为或水流破坏，安装维护便利。通过沅水水温在线观测实践探索，建议：

（1）水库运行调度过程中，由于坝前、坝下水位变幅较大，水深水温观测很容易出现线缆缠绕、磨损甚至断裂等问题。所以在安装过程中，特别是在线缆活动连接处，需要加强防护并留足伸缩余量。

（2）监测站尽量不要选择在梯级电站坝上通航或渔业捕捞的地方，防止线缆被拖走损坏。

（3）为保证上游、下游各监测点数据的连续性和同步性，水温自动监测站宜采用主备信道进行数据发送。

（4）在水温观测站建设过程中主要面临的是安装及维护难题，建议在后续建设的流域水文测验设施（如水位井）中预留水温观测平台，以便安装水温自动监测系统。

6　结语

水温是水电开发影响的一个重要的环境因子，科学评价水库及下游水温变化是做好水温影响减缓措施设计的前提。由于常规水文站点空间分布的局限性，在关键断面补充开展水温观测可全面准确掌握水库及下游水温的时空变化。随着流域水电开发环境管理的标准化、规范化发展，建立流域环境综合监测系统是今后水电开发环境管理发展的趋势。沅水流域水温自动观测系统建设的探索实践和研究表明，水温实时在线观测是获取上下游同步水温数据、评估流域水温变化的有效方法。

参考文献

[1] 刘兰芬，陈凯麒，等．河流水电梯级开发水温累积影响研究 [J]. 中国水利水电科学研究院学报，2007，5（3）：173-180.

[2] 薛联芳，顾洪宾，崔磊，等．红水河干流梯级开发对水温累积影响的调查研究 [J]. 水力发电，2010，36（11）：5-8.

[3] 邓云，李嘉，李克锋，等．梯级电站水温累积影响研究 [J]. 水科学进展，2008，19（2）：273-278.

[4] 杨鹍，张茂林．水质垂直剖面自动监测在水库分层取水中的应用——以湖北赤壁市陆水水库为例 [J]. 人民长江，2015，46（4）：98-101.

[5] 马越，谭盼，等．汾河水库水源水质在线监测预警系统构建 [J]. 水利科技与经济，2013，19（1）：115-120.

[6] 刘国富，楼其禄，周涛．水库调度实时在线监测报警系统研究 [J]. 水电与新能源，2013，5：23-26.

黄河上游梯级水库群水温原型观测方案

王　倩　牛　乐　牛天祥　孙　莹

（中国电建集团西北勘测设计研究院有限公司，西安　710065）

摘　要：黄河上游龙羊峡—刘家峡河段梯级开发的格局已基本形成，根据龙羊峡水库监测资料，存在水温分层、下泄低温水的问题；目前仅在龙羊峡间断性监测过水温，缺乏梯级水库水温系统观测；提出梯级水库群水温系统原型观测方案，以期开展黄河上游梯级水库群联合运行的水温累积影响研究，为后续水电开发水温影响预测及减缓措施研究提供基础数据与科学支撑。

关键词：水温；原型观测；黄河上游；梯级水库；累积影响

1　前言

梯级水电站建设在带来巨大社会效益和经济效益的同时，对生态环境也产生了深远的影响[1]。水温是环境影响中重要的水质要素和生态因子，近年来一直是水电规划和单项工程环评中的重点内容之一[2]。黄河上游龙羊峡—刘家峡河段的水电梯级开发已历经半个世纪，梯级开发的格局已基本形成。黄河上游梯级开发在改变河道径流的年内分配和年际分配的同时，也相应地改变了水体的年内热量分配，引起水温在流域沿程和纵向深度上的梯度变化[3]。在河段梯级开发过程中，水库内水体温度不再是均匀分布，而且水库下泄的水流温度也较建库前发生较大改变，这些都可能给库区及下游的水质及生态系统带来一系列影响[4]。

梯级水库对下游河道及库区水温影响因流域地理位置、水电开发模式、水库建设时序和规模的不同，其水温影响存在时空的波动性和累积性，比单独水电工程项目更为复杂[5]。当前，澜沧江、金沙江、雅砻江等流域已建成和规划梯级的开发项目中，梯级水库的水温影响已得到广泛的关注和重视，但大多数水库水温研究都基于数学模型[6-8]。虽然数学模型是研究水库、河道水温分布规律的重要工具，但原型观测仍是了解水温变化最直接、最有效的方法与途径。近年来，国内多个研究机构开展过一些水库水温原型观测工作。周孝德等利用黄河上游区内 4 个水文站 1960—2008 年逐月的水温监测资料及龙

作者简介：王倩（1987—），女，河南人，工程师，硕士，主要研究方向为环境影响评价。E-mail:wangqian@126.com。

羊峡（1992 年、2006 年）、刘家峡（1985—1986 年）的水温资料初步辨别了各水库对水温累积影响贡献的差异[3]；寇晓梅等通过龙羊峡水库水温监测数据分析了龙羊峡—刘家峡河段的水温累积效应[9]；李克锋等[10]选取某河干流及其主要支流，对所选河段进行了为期一周的原型观测研究；脱友才等于 2010—2011 年对丰满水库进行水温原型监测以研究寒区冰封水库热状况的时空演变规律[11]。目前，国内原型观测多为短历时、单一水库，缺乏对梯级水库群水温的长期系统性原型观测研究，缺少水库水温与电站运行调度的响应关系及与河流水温的同步观测研究。本文通过对黄河上游已建梯级水库水温观测情况的调查，提出梯级水库群水温系统原型观测方案，以期开展黄河上游梯级水库群联合运行的水温累积影响研究，为后续水电开发水温影响预测及减缓措施研究提供基础数据与科学支撑。

2 黄河上游已建梯级水库水温影响回顾分析

2.1 已建梯级水电站概况

黄河上游龙羊峡—刘家峡干流河段长约 502 km。该河段已建成龙羊峡、拉西瓦、尼那、李家峡、直岗拉卡、康扬、公伯峡、苏只、积石峡、炳灵、黄丰、刘家峡 12 座水电站，在建大河家水电站（图 1），是中国最大梯级水电站群之一。其中，龙羊峡、拉西瓦、李家峡、公伯峡和刘家峡水电站均为高坝大库，龙羊峡水库为具有多年调节能力的龙头水库，刘家峡水库属年调节型水库，其余为日调节型水库。水库特性见表 1。

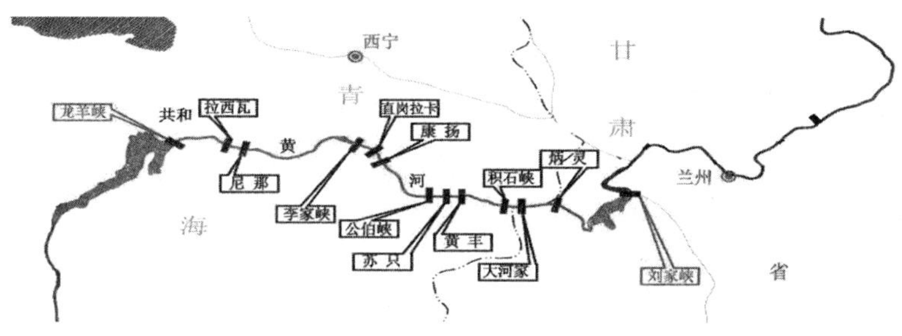

图 1 黄河上游龙羊峡—刘家峡干流河段梯级布置

表 1 龙羊峡—刘家峡河段梯级水库特性

水电站名称	正常蓄水位 /m	坝高 / m	库容 / 亿 m^3	水库面积 /km^2	调节库容 / 亿 m^3	回水长度 / km	调节性能	装机容量 /MW	建成时间（年）
龙羊峡	2 600	178	247	283	193.5	108	多年	1 280	1986
拉西瓦	2 452	250	10.5	—	1.5	—	日	4 200	2011
李家峡	2 180	165	16.48	31.58	0.6	41.5	日	2 000	1997
公伯峡	2 005	139	5.5	22	0.75	48	日	1 500	2004
刘家峡	1 735	147	57	131	41.5	65	年	1 350	1969
康扬	2 033	45.5	0.29	—	—	—	日	284	2007

2.2 已建梯级水库水温观测工作调查

根据现场调查情况，黄河上游龙羊峡—刘家峡河段只有龙羊峡水库在坝前和库中开展过水温原型观测工作，其余李家峡、拉西瓦、公伯峡等水库均未开展过水温观测工作。龙羊峡水库水温观测从 1986 年开始，采用人工观测，每月观测一日，一日监测一次。黄河上游龙羊峡—刘家峡河段尚未开展过系统的水库群水温观测工作。

2.3 已建梯级水库水温影响分析

根据收集到的龙羊峡水库 2009 年 10 月—2010 年 9 月的水温观测资料（2010 年 3 月仪器故障，未监测），现对龙羊峡水库坝前水温进行统计分析，见图 2。

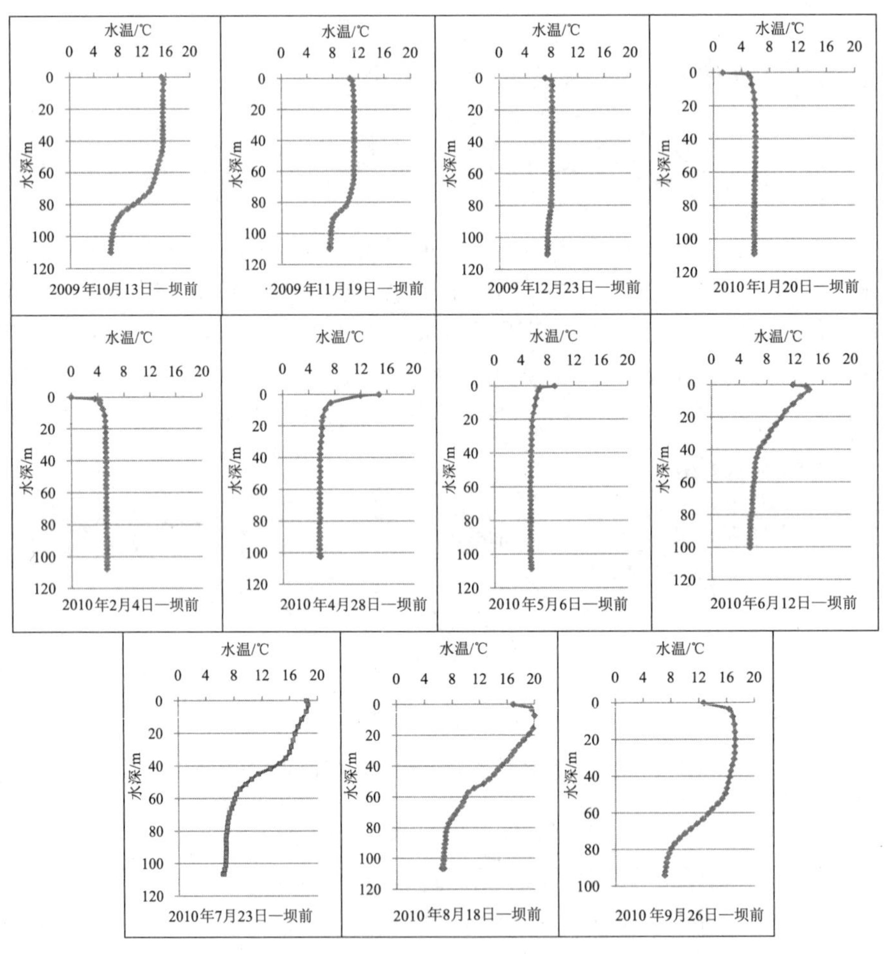

图 2　龙羊峡水库典型日实测水温曲线

从图中可以看出，龙羊峡水库 12 月—次年 3 月水库水温为逆分层分布，5—10 月为典型性正分层分布，春季 4 月和秋季 11 月是转换过渡期。水库在春季下泄水温较天然水温有不同程度的降低。

3 黄河上游梯级水库群水温原型观测方案

3.1 观测水库的选择

根据黄河上游梯级电站建设格局，选取不同调节性能水库进行水温观测。主要选取具有多年调节性能的龙头水库龙羊峡和具有日调节性能的拉西瓦、李家峡、公伯峡高坝大库进行观测。考虑到贵德湿地对下泄低温水的调节作用，同时选择库容较小、最大坝高仅为 45.5 m 的康扬水电站进行水温监测，以研究高坝大库下泄低温水经贵德湿地调节后的变化情况。

3.2 观测点位

根据大型水库的水温结构特征，初步拟定在各水库库中、坝前、坝后设置观测点位。观测点位沿水深方向每间隔 5 m 设置一个水温探测器，表层水加密布置探测器。具体监测方案见表 2。

表 2 龙羊峡—刘家峡河段水温原型监测方案

水电站名称	监测点位	监测仪器	数量	配件	数量	数据读取频率	点位数量	必要性
龙羊峡	坝前	实时传输水温测试仪（缆线 + 水温探头）	2 套	卷扬机及滑轮	1 套	2 h 一次	垂线布点（5 m 一个）	重点监测
	尾水	实时传输水温测试仪（缆线 + 水温探头）	2 套	卷扬机及滑轮	1 套	2 h 一次	水下一个测试点	
	库中	美国 U22-001 便携水温传感器系统	1 套	—	—	1 月 1 次	水下一个监测点	
拉西瓦	坝前	实时传输水温测试仪（缆线 + 水温探头）	2 套	卷扬机及滑轮	1 套	2 h 一次	垂线布点（5 m 一个）	重点监测
	尾水	实时传输水温测试仪（缆线 + 水温探头）	2 套	卷扬机及滑轮	1 套	2 h 一次	水下一个测试点	
李家峡	坝前	实时传输水温测试仪（缆线 + 水温探头）	2 套	卷扬机及滑轮	1 套	2 h 一次	垂线布点（5 m 一个）	重点监测
	尾水	实时传输水温测试仪（缆线 + 水温探头）	2 套	卷扬机及滑轮	1 套	2 h 一次	水下一个测试点	
康扬	坝前	实时传输水温测试仪（缆线 + 水温探头）	2 套	卷扬机及滑轮	1 套	2 h 一次	水下一个测试点	兼顾
公伯峡	坝前	实时传输水温测试仪（缆线 + 水温探头）	2 套	卷扬机及滑轮	1 套	2 h 一次	垂线布点（5 m 一个）	兼顾
	尾水	实时传输水温测试仪（缆线 + 水温探头）	2 套	卷扬机及滑轮	1 套	2 h 一次	水下一个测试点	
刘家峡	以收集资料为主							

3.3 仪器设备的选择

（1）远程实时传输水温测试仪

对于水库坝前、坝后水温观测，采用远程实时传输水温测试仪进行自动监测。该仪器可根据不同坝高、不同坝前坝后水深以及现场监测条件定制，数据可靠性高，适合固定点位长期水温原型观测研究。

（2）便携式水温传感器

对于水库水况条件差，远程水温测试装置安装困难，但有条件通过渔船进入库区内部进行监测的点位，采用美国 U22-001 便携水温传感器系统开展人工定期监测。

3.4 观测频次

根据黄河上游水温发生分层的时段和特点以及水库运行方式，初步拟定开展为期两年的原型观测。坝前和坝后水温观测：每年 5—10 月为重点监测时段，该时段水温测试仪 2 h 读取一次数据；其他月份每天读取 4 次数据。库中点位，由于无法固定远程水温测试仪，采用每月人工观测 1 ～ 3 次。

3.5 资料收集

为研究水库水温与电站运行调度的响应关系，以及河流水温的沿程恢复情况，定期收集各水温观测水库的逐日运行调度资料和龙羊峡—刘家峡河段水文站逐日水温观测资料。

4 结语

国内原型观测多为短历时、单一水库，缺乏对梯级水库群水温的长期系统性原型观测研究，缺少水库水温与电站运行调度的响应关系及与河流水温的同步观测研究。本文通过对黄河上游已建梯级水库水温观测情况的调查，提出梯级水库群水温系统原型观测方案，以期开展黄河上游梯级水库群联合运行的水温累积影响研究，为后续水电开发水温影响预测及减缓措施研究提供基础数据与科学支撑。

由于水温观测需选择在水流稳定、交通条件便利、易于维护的区域，实际调查中受地质条件、水流影响，水温监测装置的固定是实时观测面临的主要困难。此外，由于坝前监测深度均较深，对实时传输水温测试系统的水深耐受性、水下稳定性有待进一步实验确定。

参考文献

[1] 刘兰芬，等 . 河流水电体积开发水温累积影响研究 [J]. 中国水利水电科学研究院学报，2007，5（3）：173-180.

[2] 蒋立哲，等. 黄河上游调节性水库对河段水温的影响及其环境效应分析 [J]. 西北水电，2010（3）：6-10.

[3] 周孝德，等. 黄河上游龙羊峡—刘家峡河段梯级水库水温累积影响研究 [J]. 西安理工大学学报，2012，28（1）：1-6.

[4] Russell Preece，Cold water pollution below dams in New South Wales[J]. Water Management Division Department of Infrastructure，2004（3）：1-31.

[5] 李兰，等. 梯级水电工程水温累积影响预测方法探讨 [J]. 中国农村水利水电，2008（6）：86-90.

[6] 姚维科，等. 水电工程干扰下澜沧江典型段的水温时空特征 [J]. 环境科学学报，2006，26（6）：1031-1037.

[7] 梁瑞峰，等. 流域水电体积开发水温累积影响特征分析 [J]. 四川大学学报：工程科学版，2012，44（2）：221-227.

[8] 邓云，李嘉，李克锋，等. 梯级电站水温累积影响研究 [J]. 水科学进展，2008，19（2）：273-279.

[9] 寇晓梅，等. 黄河上游已建梯级电站的水环境累积效应 [J]. 西北水电，2009（6）：11-14.

[10] 李克锋，等. 天然河流水温变化规律的原型观测方案研究 [J]. 四川大学学报：自然科学版，2006，43（6）：614-618.

[11] 脱友才，等. 丰满水库水温的原型观测及分析 [J]. 水科学进展，2014，25（5）：731-736.

水布垭水库水温及坝下河道水温观测与分析

周　鹏　李　翔　张德见　赵心畅　刘黄诚

（中国电建集团中南勘测设计研究院有限公司，长沙 410014）

摘　要：采用意大利 Idronaut 公司生产的 OCEAN SEVEN 304Plus CTD 温盐深仪对水布垭水库库区、坝前、坝下水温进行观测，水温观测结果表明：水布垭水库坝前水体常年处于温度分层状态，夏季表层与底层温差较大，冬季温差很小；坝下观测断面水温比坝前断面取水口底板高程处水温高 0.0 ～ 8.0℃；大部分月份坝下断面水温相当于坝前取水口高度以上 10 ～ 20 m 处水温；坝前 700 m 断面与库中断面分层趋势大体趋势一致；表层水温变化与气温有较大相关性。

关键词：水布垭水库；水库水温；坝下水温；水温观测

1　前言

目前，国内众多水电站相继建成，水电站在促进当地经济发展的同时，其形成的高坝大库改变了水体的水文情势和水温时空分布 [1-3]，形成稳定的库区水温分层结构，对库区及下游河段的水温产生长期的影响 [4]，并由此对水环境和水生生态造成较大影响 [5]。水工建筑物在设计、建设及运行过程中需确定坝前水温变化及其影响 [6-8]，而影响库区水温分布、坝下河段水温沿程恢复的因子较多，因此，在水库及下游河段开展水温观测对水库水温结构及其变化规律、下泄低温水沿程恢复规律分析，具有重要意义 [4-5,9-10]。

水布垭水库自 2007 年 4 月起下闸蓄水，至今已近 10 年。水布垭电站装机容量 1 840 MW，多年平均径流量 93.4 亿 m^3，正常蓄水位库容 43.12 亿 m^3，水库具有多年调节性能，水位在正常蓄水位 400 m 至死水位 350 m 之间运行，水位变幅达 50 m。年内水库水位在 6 月降至最低后开始上升，至 10 月达到最高点，随后开始下降，直至次年 6 月。对水布垭水库及下游河段开展水温观测，对水布垭水库水温结构及其下游河道水温沿程恢复规律研究具有重要意义。中国电建集团中南勘测设计研究院有限公司通过采用温盐深仪在 2013 年 7 月—2015 年 6 月进行 9 次水温观测，共设置 7 个测点，涵盖坝前、库中、库尾及坝下河道。本文重点通过对观测结果进行整理分析，系统揭示水布垭水库坝前和

作者简介：周鹏（1987—），男，河南开封人，助理工程师，硕士，主要研究方向为环境影响评价。E-mail: 13145967@qq.com。

坝下水温变化规律。

2 水温观测仪器

河流水温数据来源主要包括水文站水温观测和河流水质监测，目前大部分水文站日常水温观测和水质监测采用 SWL1-1 型表层水温表，水深 40 m 以内的水温测量采用深水温度计，水深超过 40 m 的深层各层水温采用颠倒温度计，一般情况下，河流水温观测未同步记录观测深度。

水库水温观测主要借助专业仪器进行，如李冰冻[1]等采用美国金泉仪器公司生产的 YSI 6600 型多功能水质参数仪对二滩水库坝前水温分布进行观测，脱友才[11]等利用其对丰满水库水温做了原型观测。

水布垭水库坝前正常蓄水位对应的水深约 185 m，常规的水文站水温观测仪器无法在这种深度进行水温观测工作，为满足本次观测要求，参照《地表水和污水监测技术规范》（HJ/T 91—2002）和《水质 水温的测定 温度计或颠倒温度计测定法》（GB 13195—91）中相关规定，采用了意大利 Idronaut 公司生产的 OCEAN SEVEN 304Plus CTD 温盐深仪进行观测工作。该仪器最深可观测 7 000 m 水深的水温，适用于 –5 ～ 35℃水温范围，并可选择多种观测模式。设备主要特性及参数见表 1。

表 1 水温影响调查设备主要特性及参数一览[12]

名称	OCEAN SEVEN 304Plus CTD
外形	
设备介绍	接口为标准 RS232 接口。数据传输速率可达 115 200 bps。采用独特的深海无泵低维护传感器和高精确度七铂环石英电导探头设计，具有体积小、性能高、功耗低等特点。该传感器采用了大直径（8 mm）和短长度（46 mm）的设计理念，在长期部放和生物活跃的水域中，也能保证不会堵塞。可以在现场清洗，而无须进行重新校准。无需采用泵或其他设备使测量水体流过传感器，从而大大降低其功耗。允许操作者针对海水或淡水选择合适的电导率测量范围。内置的 2 GB 非易失性存储器可存储 60 000 000 组数据
精度	液位精度：0.05% 满量程 温度精度：0.003℃
范围	液位量程：0 ～ 7 000 dbar 温度量程：–5 ～ 35℃

3 水温观测方案

本次水温观测共设置 5 个水温观测断面，包括 7 个水温观测点（其中坝前断面设置 3 个观测点），分别是库尾恩施州红旗大桥断面（距离坝址约 119.3 km）、库中景阳大桥断面（距离坝址约 39.5 m）、坝前 700 m 断面（左、中和右 3 条垂线）、坝下 1.27 km 断面、坝下渔峡口镇断面（距坝址约 17.7 km）、坝下桃山断面（距坝址约 38.2 km），见图 1。

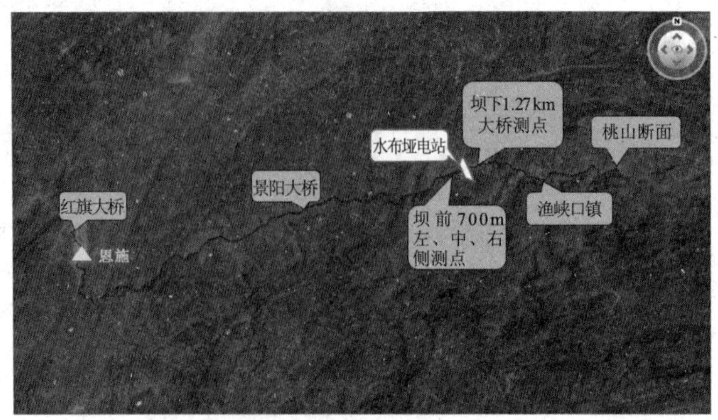

图1 水布垭水库及下游水温观测点分布

观测范围从上游水布垭水库库尾红旗大桥处至下游桃山断面，河道全长约157.5 km。

（1）库区水温观测：在水布垭水库坝前断面左侧、中间和右侧布设3根垂线，在库中断面中部布设1根垂线。选择温盐深仪的连续模式进行观测，该模式下可在仪器缓慢下沉过程中每隔200～1 000 ms获得一次读数（时间间隔可调），观测完成后可从导出的数据列表中选取不同深度的温度数据。在库尾选择不受水库回水影响的断面仅观测表层0.5 m处水温。坝前水温测点见图2。

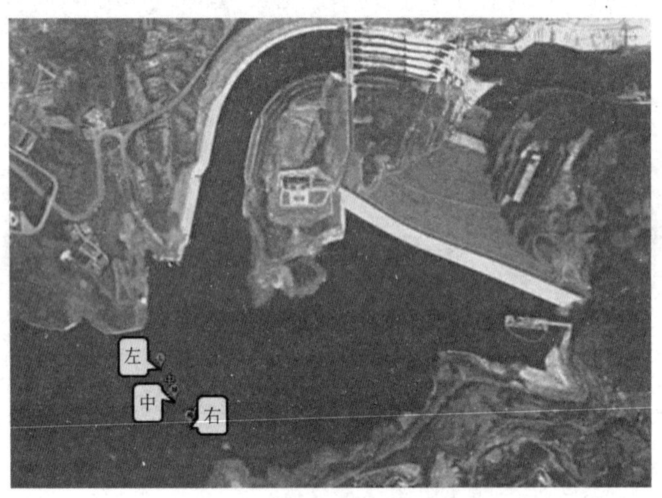

图2 水布垭水库坝前水温观测点分布

（2）河道水温观测：坝下大桥、渔峡口镇和桃山断面，观测表层0.5 m处的水温。由于桃山观测点位于下游水库隔河岩库区，水深较大，设置1根垂线。

4 水温特征分析

4.1 库区水温分布

根据水温观测数据，水布垭水库坝前（电站水库大坝前约700 m处）垂向水温观测结果见图 3。

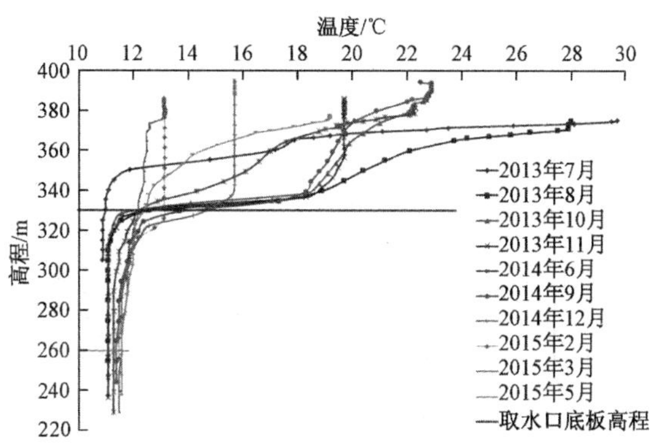

图 3 水布垭水库坝前水温随水位的变化

由此得知，水布垭水库建成蓄水后，库区水温结构呈稳定分层型，特别是夏季（6—8 月），表层和深层水温差在 11.0 ～ 18.8℃，水温垂直分层明显，且逐渐呈现出显著的双温跃层结构；9 月和 10 月，表底温差 8.6 ～ 11.1℃，随着气温降低，虽仍呈现双温跃层，但表层温度梯度较夏季明显减小；11 月—次年 2 月，表层温度梯度不明显，水库呈现单温跃层分布特征，表底温差 1.6 ～ 8.6℃；3 月表底温差 1.7℃，基本认为无温跃层存在；5 月随着气温升高，表层水温迅速提升，温度梯度主要出现在 40 m 以上水体，表底层温差 7.6℃。

坝前断面水温与库中断面水温季度代表月份垂向水温实测结果对比见图 4。由此得知，坝前断面与库中断面垂向水温结构大致相近，表层水温温差 1.5 ～ 3.2℃；9 月 60 ～ 70 m 温跃层深度温差 0.3 ～ 0.8℃，12 月 55 ～ 75 m 温跃层深度温差 0.3 ～ 1.7℃，其余月份对应不同深度温差基本不超过 0.2℃，差别较小。由此可知，坝前 700 m 与库中断面虽然水平距离相差 38.8 km，但是趋势大体走势一致，可见库区库中与坝前呈现出相似的稳定水温分层现象。

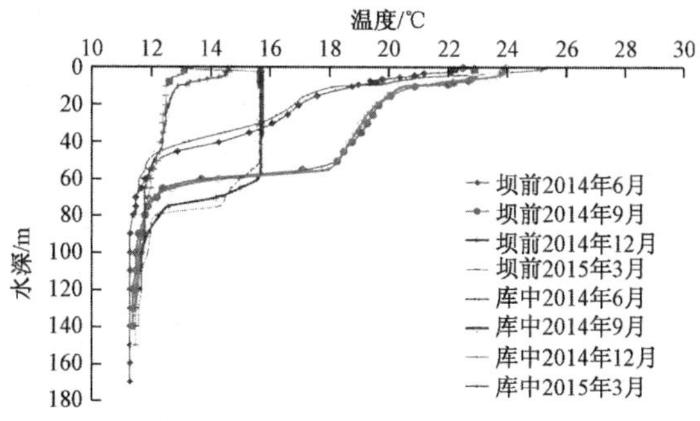

图 4 水布垭水库坝前、库中断面垂向水温变化

4.2 坝前断面横向温度分布

水布垭水库代表月份 3 月、6 月、9 月、12 月实测坝前水温分布见图 5 至图 8。通过

比对坝前断面左、中、右温度垂线得知，横向水温差别很小，表层水温差值在 0.0 ～ 0.5℃，深层水温基本无差别。

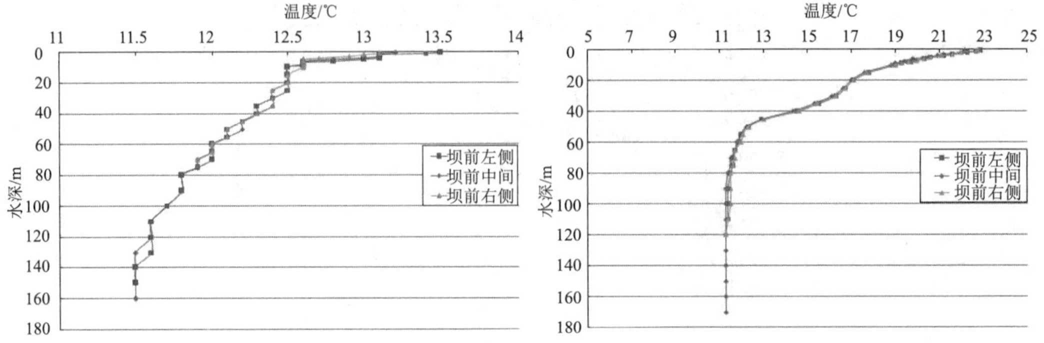

图 5　水布垭水库 3 月坝前断面水温横向分布　　图 6　水布垭水库 6 月坝前断面水温横向分布

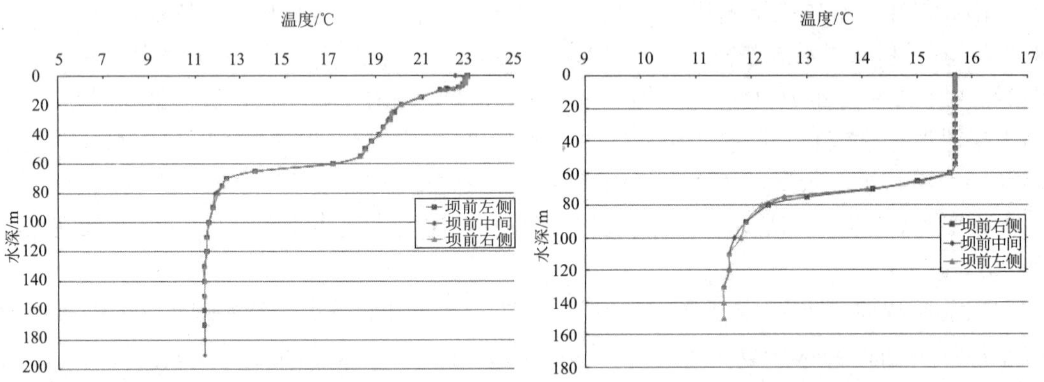

图 7　水布垭水库 9 月坝前断面水温横向分布　图 8　水布垭水库 12 月坝前断面水温横向分布

4.3　坝下水温

根据水布垭坝前垂向水温观测数据，结合观测时段坝前水位高程，确定了水布垭电站取水口底板高程 330 m 处的水温情况，见图 3。取水口处 2013 年 7 月—2015 年 5 月水温在 11.0 ～ 14.7℃，其中 5—10 月取水口处水温在 11.0 ～ 14.1℃，11 月—次年 3 月取水口处水温在 12.2 ～ 14.7℃。

坝下断面水温与取水口处水温差异较大（增高 0.0 ～ 8.0℃），大部分月份坝下断面水温相当于坝前取水口高度以上 10 ～ 20 m 处水温，3 月和 7 月分别对应于取水口以上 30 m 和 35 m 高度处水温；5—10 月渔峡口断面表层水温比坝下断面水温高 0.3 ～ 11.5℃，桃山断面表层水温比坝下断面水温高 4.5 ～ 12.3℃，表明此间水布垭水电站发电尾水流至隔河岩库区后，经过一段时间的热交换和太阳辐射，使水温得到一定恢复。

通过与天然河道水温比较得知，5—9 月实测坝下断面水温比天然河道水温低 0.6 ～ 4.4℃，10 月实测坝下水温比天然河道水温高 3.0℃；通过比较坝下与坝前表层水温得知，5—10 月实测坝下水温比实测坝前表层水温低 4.2 ～ 11.6℃，11 月—次年 3 月实测坝下水温比实测坝前表层水温低 0.1 ～ 0.8℃。

4.4 表层水温沿程变化分析

2013 年 7 月—2015 年 5 月各断面实测表层水温见图 9。由此得知，5—9 月库尾至景阳断面水温提升速率为 0.04 ~ 0.13℃ /km；下泄低温水至渔峡口断面，表层水温基本能够恢复至较高水平，水温提升速率为 0.02 ~ 0.70℃ /km，桃山断面表层处水温基本呈现隔河岩水库水温分布特征。其他断面对应月份表层水温变幅见表 2、图 9。

表 2　表层水温沿程变幅　　单位：℃ /km

项目	2015 年 5 月	2014 年 6 月	2013 年 7 月	2013 年 8 月	2014 年 9 月	2013 年 10 月	2013 年 11 月	2014 年 12 月	2015 年 3 月
库尾至库中段变幅	0.04	0.10	0.13	0.07	0.07	0.02	0.04	0.03	0.01
库中至坝前段变幅	–0.05	–0.06	0.01	–0.04	–0.03	–0.01	–0.01	0.06	–0.04
坝下至渔峡口段变幅	0.03	0.58	0.70	0.35	0.02	0.23	0.08	–0.06	0.01
渔峡口至桃山段变幅	0.22	–0.01	0.04	0.13	0.22	0.04	–0.08	0.00	0.04

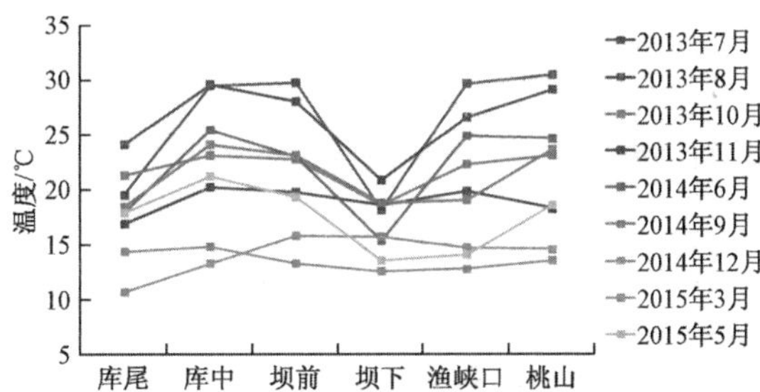

图 9　水布垭水库及坝下河段表层水温变化

水温观测时期相应气温数据见图 10，通过对比得知表层水温变化与气温有较大相关性。夏季库尾至库中景阳断面、坝下至渔峡口断面河段表层水温恢复速率较快，在桃山断面恢复至库区相当水平，表明坝下水温在经过一定距离恢复后，得到很大程度的恢复；冬季渔峡口至桃山断面表层水温受气温影响略有下降。

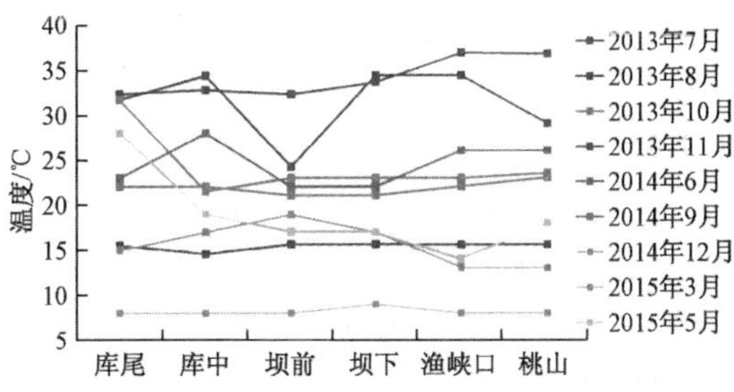

图 10　水温实测时段对应气温

5 结论

根据水布垭水库水温观测资料，对水布垭水库库区、坝下水温及年内分布特性进行分析，其分布规律如下：

（1）水布垭水库正常蓄水位下库容达 45.8 亿 m^3，巨大水体的涵热作用改变了原有河道水体水温分布规律，使库区水温在全年保持温度分层结构；表层水温受气温影响年内温差大，库底水温年内温差较小；垂向上水体的温差在夏季最大，冬季最小。水布垭水库建成蓄水后，水温结构呈稳定分层型，6—8 月（夏季）水温垂直分层明显，呈现双温跃层结构；9 月、10 月逐渐向单温跃层过渡；11 月—次年 2 月，水库呈现单温跃层分布特征；3 月基本无温跃层；5 月随着气温升高，表层水温迅速提升。

（2）坝前 700 m 处与库中断面水平距离相差 38.8 km，趋势大体走势一致，可见库区呈现出相近的稳定分层水温现象。

（3）坝前 700 m 处横断面水温对比分析结构表明，水布垭水库库区水温在垂向上有温差，而在横向上基本没有变化。

（4）坝下断面水温与取水口处水温差异较大（增高 0.0 ～ 8.0℃），大部分月份坝下水温相当于坝前取水口高度以上 10 ～ 20 m 处水温，3 月和 7 月分别对应于取水口以上 30 m 和 35 m 高度处水温，表明下泄水体中取水口底板高程以上部分的水体多于其下部分；5—10 月渔峡口断面表层水温比坝下断面水温高 0.3 ～ 11.5℃，桃山断面表层水温比坝下断面水温高 4.5 ～ 12.3℃，表明此间水布垭水电站发电尾水流至隔河岩库区后，经过长时间的热交换和太阳辐射，使水温得到一定恢复。

（5）表层水温变化与气温有较大相关性。夏季库尾至库中景阳断面、坝下至渔峡口断面河段表层水温恢复速率较快，在桃山断面恢复至库区相当水平，表明坝下水温在经过一定距离恢复后，得到很大程度恢复；冬季渔峡口至桃山断面表层水温受气温影响略有下降。

参考文献

[1] 李冰冻，李嘉，李克锋，等 . 二滩水库坝前及下泄水体水温分布现场观测与分析 [J]. 水利水电科技进展，2009，29（4）：21-23.

[2] 叶闽，陈惠敏 . 一维垂向水温分布模型在隔河岩水库中的应用与检验 [J]. 水资源保护，2001，17（2）：19-22.

[3] 邓云 . 大型深水库的水温预测研究 [D]. 成都：四川大学，2003.

[4] 薛联芳 . 东江水电站对环境影响的研究 [J]. 水电站设计，1997，13（3）：79-83.

[5] 薛联芳 . 东江水库水温预测模型回顾评价 [C]. 水电 2006 国际研讨会 .

[6] 吴中如，吉肇泰 . 坝前水库水温的变化规律和预测研究 [J]. 水力发电，1984.

[7] 朱伯芳 . 库水温度估算 [J]. 水利学报，1985（2）：12-21.

[8] 兰仁烈 . 库水温度估算方法探讨 [J]. 四川水力发电，1989（4）：51-56.

[9] 薛联芳 . 河流水温数学模型的比较研究 [J]. 水电站设计，1998，14（4）：1-5.

[10] 蒲灵，李克锋 . 天然河流水温同步原型观测方案设计 [J]. 水利技术监督，2005（6）：30-31.

[11] 脱友才，刘志国，邓云，等 . 丰满水库水温的原型观测及分析 [J]. 水科学进展，2014，25（5）：731-738.

[12] OCEANSEVEN 304Plus CTD Operator’s Manual. IDRONAUT S.r.l. November 2012.

三、水温数值模拟研究

水温数值模拟研究回顾与展望

陈凯麒[1,2]　李　洋[1]　葛怀凤[3]　祁昌军[2]　陶　洁[4]

（1. 中国水利水电科学研究院，北京 100038；2. 环境保护部环境工程评估中心，北京 100012；3. 水电水利规划设计总院，北京 100020；4. 郑州大学水利与环境学院，郑州 450001）

摘　要：水温是水体生态系统发展的重要驱动参数之一，水温数值模拟作为水温评估预测的主要方法，为水工工程建设与运营和环境影响评价提供了重要依据。在总结国内外水温模型、主要模拟软件以及模型应用发展现状的基础上，分析了现阶段基础数据获取、模拟精度和研究方向等方面亟待解决的问题，并从模拟原理、技术与研究趋势三个层面进行了展望，为国内水温数值模拟的深入研究提供了借鉴。

关键词：水温；数值模拟；数值模型

1　前言

水温是河流生态系统水质参数中的重要控制因子，同时也是水工工程设计、建设与运行管理和环境影响评价的重要指标。目前，在高强度人类活动影响下，水库大坝建设运行、水资源取用及污废水排放等行为极大地干扰了水文水生态环境，水温要素受到影响产生的变化对水生生物与其他水质指标（如溶解氧等）带来一定的负面效应。一方面，对于水生生物，比如，鱼类属于变温动物，对大多数温水鱼类来说，水温的生存适宜性条件为 10 ～ 30℃，超过范围即会影响鱼类发育甚至死亡，鱼类产卵、仔鱼发育对水温更为敏感，若在鱼类繁殖产卵期间，在其他水文水力学指标满足的条件下，水温不在适宜性范围内，鱼类仍无法产卵[1]；另一方面，水温变动协同其他理化因子共同作用严重打破生态系统的平衡，以 2007 年太湖蓝藻事件为例[2]，其 25 年来最高水温为水藻生长提供了适宜条件，同时高水温使富集底泥中的大量氮、磷释放进入水体，为蓝藻生长提供了充足的养分，导致蓝藻的大规模暴发。鉴于此，水温作为河流生态系统的重要控制要素，一直是国内外关注的焦点问题。

综合来看，目前水温研究大体分为四个领域：水温观测及模拟预测、水温模型研究、

作者简介：陈凯麒（1958—），男，浙江上虞人，研究员，博士生导师，主要从事水环境及生态保护、环境影响评价研究。E-mail:chenkq@acee.org.cn。

水温影响和水温管理。水温模型与模拟预测研究是现阶段研究的基础和主要方向，包括数值模型研究和模拟预测两方面，研究方法有物理模型法、经验预测法和数值模型模拟法。其中，数值模型模拟法作为水温研究的重要方向，国内外取得了一系列的研究成果。本文在深入剖析水温数值模拟的研究进展基础上，分析目前水温数值模拟面临且亟待解决的问题，同时对目前存在问题的解决思路进行了初探，将为水温数值模拟研究的继续深入开展提供一定的指导性。

2 水温数值模拟研究进展

水温模拟起始于20世纪60年代初美国为解决湖泊和水库加速富营养化以及水利工程引起的河道水温和流量变化影响鱼类洄游和产卵等问题，迄今为止经历了垂向一维、立面与平面二维以及三维模型。近年来，水温模拟研究对象主要集中在存在温度分层的深水型湖泊水库、河道型水库以及温排水等，以二维和三维模拟为主，主要通过耦合水温模型和湍流模型进行求解。

2.1 水温模拟模型

（1）水温模型发展

从模拟维度来说，水温模型的发展经历了一维、二维和三维。

垂向一维水温模型运用质量平衡和热量平衡原理，其中的垂向扩散系数是关键性参数，与流场分布、温度梯度、风速、泥沙等因素相关。其代表是20世纪60年代末的WRE和MIT模型[3-4]。1975年美国学者Stafan和Ford提出了混合层模型。我国水利水电科学研究院冷却水研究所于1981年在引进的美国通用水温预报模型MITEMP基础上进行了扩充、修改与验证，建立了“湖温一号”模型[5]。

二维数学模型有沿深度平均的平面二维模型和沿宽度平均的立面二维模型。二维模型研究发展经历了从水动力模型求解结果代入水温模型求解到如今水温模型与水动力模型耦合求解。立面二维水温模型的先河为1975年Edinger等开发的LARM（Laterally Average Reservoir Model）模型，其后1986年美国陆军工兵团水道实验室（USACE-WES）基于LARM模型开发出立面二维水质和水温通用模型软件CE-QUAL-W2，是比较成熟的立面二维模型之一[6]。

随着计算机技术的进步，20世纪90年代后随着国外计算流体力学通用软件（Computational Fluid Dynamics，CFD）的快速和商业化发展，包括水温指标在内的环境水力学三维模拟商业软件也迅速发展等。

（2）湍流模型研究

水体中，温度结构与流场分布相互作用强烈，温度场模拟与湍流模型密不可分。湍流模型以统计方法为主，对完整的N-S方程（Navier-Stokes equations）进行平均（包括空间平均和时间平均），在利用次网格模型对方程组中速度、压力、温度等瞬时量进行平均并闭合求解，其中的封闭近似可以是代数式或微分方程，它们和连续方程及雷诺方程一起，构成了各类湍流数学模型[7-8]，见图1。

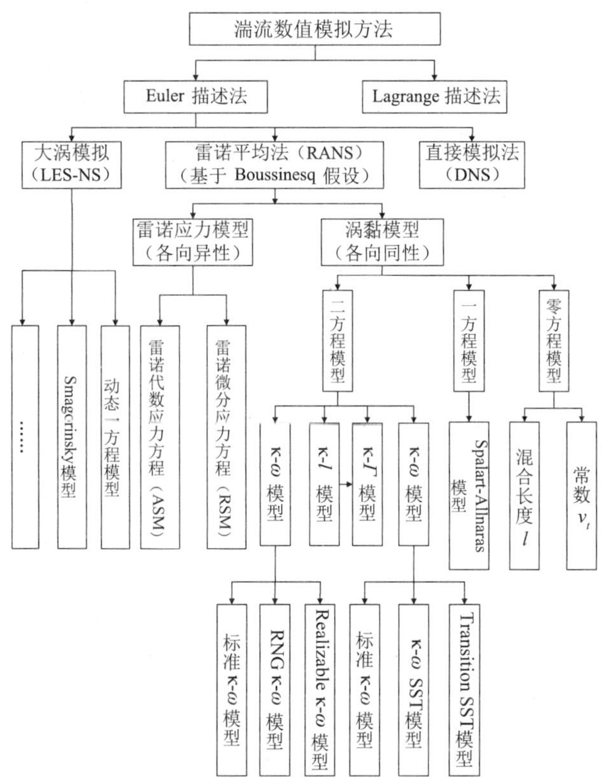

图 1 湍流数值模拟方法及相应湍流模型

湍流模型主要类型有直接模拟（DNS）、雷诺平均模拟（RANS）和大涡模拟（LES-NS），均为基于欧拉描述法发展起来的。其中，雷诺平均模拟基于各向性质分为雷诺应力模型（各向异性）与涡黏模型（各向同性）。湍流黏性系统模型（又称涡黏模型）建立按照 Boussinesq 假设将湍流模型或湍流封闭的任务归结为寻求湍流黏度或有效黏度的表达式。根据方程组中包含的湍流量偏微分方程数量划分湍流模型，模型发展经历了零方程模型、一方程模型、双方程模型三个阶段。现阶段，水温研究中使用较多的是双方程模型中的 k-ε 模型，随着计算机技术的发展和数值模型研究的深入，双方程模型中的 k-ω 模型、雷诺应力模型中的 RSM 和 ASM 模型以及大涡模拟中 Smagorinsky 和动态一方程模型也在水温数值模拟中应用起来。目前，比较成熟的数值计算方法有有限差分法、有限体积法、有限元法、边界元法等。从流体本身运动状态来看，研究对象也经历了简单势流、黏性流动、湍流到现在的有自由水面的流动。模型求解区域也从固定区域扩展到变动区域，如潮汐问题、洪水演进等，主要模拟方法包括刚盖法、弹性盖法、标记网格法（MAC）和体积率法（VOF）等 [7]。

（3）水温模拟软件概述

20 世纪 90 年代后随着国外计算流体力学通用软件（Computational Fluid Dynamics，CFD）的快速和商业化发展，包括水温指标在内的环境水力学三维模拟商业软件也迅速发展，在水温研究方面应用的模拟软件见表 1。

表 1 主要水温模拟软件 [9-13]

软件名称	性质	离散方法	网格结构	主要求解方法	主要物理模型		软件特色
					温度	湍流	
Flow-3D	商业	有限差分法	多区域结构	超松弛法，SADI 法，GMRES	热传导	κ-ε 系列模型和大涡模型	VOF 法和 FAVOR 法较好模拟自由表面
EFDC	商业	有限体积法和有限差分法联合	结构与非结构网格	过程分裂法	水温输移方程	Mellor-Yamada 2.5 阶湍流闭合模型	水平为曲线正交坐标系，垂向为 σ 坐标系
MIKE3/ MIKE11-RESERVIOR	商业	有限差分法、有限元法	结构与非结构网格	交替方向隐式迭代法（ADI）积分，双精度扫描法求解	对流扩散模型	垂向 κ-ε，水平向 Smagorinsky 混合模型	人工压缩方法（ACM）保留垂向动量；MIKE11-RESERVIOR 使用 σ 坐标系
Fluent	商业	有限体积法	变区域动态非结构网格	压强基、密度基求解器多选	可利用 UDF 进行用户自定义	不可压缩、微压缩和可压缩传热湍流模型（多种可选）	用户自定义函数 UDF，耦合式求解器求解高压缩流体
DELFT3D	商业	有限差分法	贴体正交曲线网格	ADI 时间积分法等	热量输运方程	Flow 水动力模块	垂向可使用 σ 坐标系
CE-QUAL-W2	商业	有限差分法	结构网格		热量输运方程	垂向 κ-l 模型	针对深水型水库湖泊分层模拟的立面二维模型，考虑了风遮蔽和云遮蔽系数
OpenFOAM	开源	有限体积法	动网格结构	多种求解器可选，PIMPLE	热量输运方程	雷诺时均系列模型和大涡系列模型多选	VOF 法较好模拟自由表面；LES 和 RANS 等可多选
ELCOM	商业	有限体积法	非网格结构	半隐性，三阶欧拉 - 拉格朗日法	标准总体迁移模型	混合模型	考虑了风遮蔽和云遮蔽系数

上述软件均为多功能模拟软件，且各有特色，开展水温模拟时应结合研究实际需求妥善选择，比如 Flow3D 对风、辐射等方面影响，如风拖曳系数与云遮蔽系数等方面考虑较少，MIKE11-Reservoir 和 EFDC 等软件使用 σ 坐标系等在针对深水型水体模拟前也应注意或者进行模型改进。

此外，国内软件模型开发也取得了一定的进展，例如，四川大学开发的宽度平均立面二维水温分析软件 WWL（West Water-Lateral）已应用于雅砻江中下游梯级和四川岷江上游的水温模拟，取得了较好的效果。

2.2 水温模拟研究内容

由于社会发展和生态文明建设的需要，精细化适应性管理和生态环境保护成为发展必须关注的重点，而数值模拟能够为各行业在管理和环境保护方面提供技术支持和依据。

近年来，数值模拟发展迅速，国内外专家学者在水温数值模拟领域也取得了较大进展，推动了相关行业管理和生态保护的进步。

（1）深水型水库湖泊水温分层及影响因素研究

水库湖泊水体的热量主要来源于太阳辐射、大气辐射以及由于降雨、入流等所带来的热量；另外，通过反射辐射、对流交换、水体增温、蒸发和出流等吸收或消耗一部分热量。其水温分布结构及动态变化与水体吸收的热量有关，与所处地理位置、水文、气象条件等因素均有关，如所处地理纬度、水深、盛行风级和风向、气温、云量、出入流量、降雨量、几何形状等。其中，水库还与水库性质、库容比有关。湖泊水温模拟主要面向水温与理化因子协同影响等，相比湖泊，深水型水库受外界影响多，更为复杂。

不同水库不同月份的水温分布各不相同，但大体都可以分为以下三层：表温层、温跃层和滞温层。深水型水库水温分层及其下泄水影响一直是水温模拟的主要研究方向。2010 年我国已建、在建 30 m 以上大坝为 5 564 座，其中 100 m 以上大坝 214 座[14]，深水型水库大坝基本都存在水温分层问题。

随着计算机技术的进步，近年来，国内外专家学者利用立面二维和三维数值模拟手段针对深水型水库湖泊水温分层进行了模拟，对分层机理和影响因素进行了研究，取得了一定成果。张士杰[15]应用 MIKE3 建立三维水温模型，对二滩水库水温结构进行数值模拟。气象要素、库区来水流量和水体温度、水库出流位置及流量大小等是影响水温结构的主要因素，并探讨了出水口位置改变对水温分层和流态的影响。唐笑[16]运用 Fluent 软件研究了不同短波辐射强度及短波辐射衰减系数条件下温跃层的形成过程与特性，研究揭示了长波辐射是水体总传热量的主要影响因素，短波辐射则是温跃层形成的主要影响因素。戴凌全[17]基于立面二维模型构建了三峡库区模型，验证了三峡水温结构。李嘉[18]利用立面二维模型构建了雅砻江中游卡拉水库水温模型，对水温分层与流场互相作用以及主要影响因素进行了理论分析，研究认为，一定的来流水温差和表层热通量是水库形成分层状态的必要条件，双温跃层主要由高温流动层通过紊动不完全侵蚀底部低温水层而形成。甘衍军[19]采用 EFDC 模型模拟二滩水库 2006 年 3—7 月的水温变化过程，通过分析与热交换和热传递相关的模型参数，讨论了太阳短波辐射中快速波占比和太阳短波辐射慢速衰减系数这两个参数值对水温的影响。Bartholow 等[20]联合应用 MODSIM 和 HEC-SQ 模型对比分析了 Klamath 河上部分梯级水库拆除后的日均水温变化情况以及对大马哈鱼的影响。DIAOWei 等[21]基于 LBM 理论构建了深水水库三维水温模型，模拟了水库中冷热掺混再分层过程，效果较好。Heungsoo Lee 等[22]应用 ELCOM 构建了韩国某深水型水库三维模型，并模拟了洪水条件下水库水温再分层过程以及大风对水库水温的干扰过程。Yu-Shi WANG 等[23]通过 OpenFOAM 着重模拟了大风和太阳辐射下水库水温分层现象，结果与实测数据相符性较好。

（2）深水型水库分层取水研究

高坝水库的水温分层直接导致库区内的水质分层和生态分层，并且对农田灌溉、工业供水、生活用水、下游河流的水质和生态平衡以及库区水资源利用等方面都产生重要影响。我国从 20 世纪 60 年代中期开始在中小型水库中修建一些分层取水建筑物，主要用于提高灌溉水温，近年来，为满足水库下游生态系统的保护需求，分层取水数值模拟研究成为水温模拟的关注重点。陈秀铜[24]基于鱼类产卵水温需求，采用立面二维水温模型预测了单层进水口和2层叠梁门两种不同的水库取水方式对应的水库下泄水温的变化。张士杰[25]利用MIKE3软件精确模拟水库采用叠梁门分层取水和单层进水口两种取水方案下的水库水温结构及下泄水温，验证了叠梁门分层取水结构能够有效地提高水库泄水温度。陈弘[26]利用Flow-3D建立了进水口三维数学模型，分析了水库水温分层对进水口附近流场的影响，得到了不同叠梁门高度的下泄水温以及下泄水温对应温度分布中的位置。张少雄[27]利用EFDC软件，以糯扎渡水电站和格伦峡谷大坝为背景，分析库内水温分布、取水口位置以及下泄水温三者之间的关系，初步探讨多层取水口单口引水流量和取水口开启组合对下泄水温的影响。

（3）梯级水库水温累积影响数值模拟研究

美国于1978年正式提出了累积影响，其定义为指当一个项口与过去、现在和未来可能预见到的项口进行叠加时会对环境产生综合影响或累积影响，并指出了累积影响的空间与时间特征。累积影响概念引入我国环境科学是在20世纪90年代，随后，陈庆伟[28]初步探讨了梯级流域的累积影响研究方法。黄峰[29]总结了不同的水库水温结构对水温累积效应的影响：稳定分层型水库具有正效应，混合型水库具有负效应，过渡型水库处于两者之间。近年来，梯级水库水温累积影响数值模拟也成为了水温数值模拟的一个研究趋势。刘兰芬[30]对某流域梯级电站利用MIKE系列软件的MIKE11、MIKE11-RESERVIOR和MIKE3相结合开展水温影响研究，研究结果表明，高坝大库对河流水温改变大，对水温累积影响的贡献大，流域开发程度越高，累积影响越大。张士杰[31]研究成果认为流域水电梯级开发的水温累积影响显著，梯级电站布置个数和控制性水库工程对水温累积效应起到决定性作用。李兰[32]应用EFDC模型深入研究了水库的水热循环规律，探讨了建库前后的水温变化规律和梯级水库建设的累积影响。邓云[33]采用数学模型，预测了雅砻江锦屏一级和二滩两个梯级电站联合运行的水温累积影响，结果表明，库表水温降低，库底水温升高，水温分层有所减弱，而下泄水温过程的延迟和均化现象进一步加强。梁瑞峰[34]采用立面二维水温模型，通过模拟金沙江下游梯级水电站水库的水温分布及变化过程，揭示了梯级水电站水温累积影响的三大特征，即下泄水温延迟效应、平坦化效应和库内水温的同温化效应。唐旺[35]以黄河上游为例，采用MIKE3对比各梯级的水温累积影响，研究表明，龙头水库使下游水温呈现冬季升高和夏季降低的均化过程，以及梯级中高坝深水型水电站对水温累积影响的协同增大效应。

（4）温排水环境影响研究

温排水水温高于水体水温，由于温差浮力效应，温排水排入水体后，除了在进排水口易形成水温分层外，趋于在水体上层运移。因此，现阶段，温排水数值模拟还以平面二维为主，主要研究温排水对水体环境影响和范围。徐梦佳[36]利用MIKE21模型构建承纳温排水的北方某浅水水库平面二维水温模拟模型，模拟极端情景下水库水体温度场和对富营养化及水华暴发风险进行分析，认为气温是较大影响因素。王庆改[37]等应用MIKE21 FM预测了两种工况条件下温排水对河流水环境影响过程，得出不同温升线包络范围及不同来水情况下温排水对河流水环境影响程度。陈沐松[38]利用MIKE21模型模拟了长江常熟段3种水文情景下垃圾发电厂温水团的运移扩散过程，并定量预测了温排水影响范围和程度。近年来，由于海湾地区的特殊性，利用水温三维模型模拟海湾电厂温排水也成为了研究热点。张继民[39]运用 Delft3D 模型对海湾电厂温排水进行数值模拟，通过对 4 种排水口布置方案计算比较，提出了合理的排水口布置方式。

3 水温数值模拟中存在的问题

（1）水温模型数据模拟水平有限，亟待提高

水温模型模拟的研究和应用在管理和环境保护等方面要求越来越高，其水温结构与湍流场相互作用显著，受地形、水体表面和周边环境影响较大且模拟时间尺度较长，模拟计算量庞大，因此，对模型选择、算法求解和参数设置等要求较高。然而，由于国内水温数值模拟起步较晚，与国外存在一定的差距，现阶段水温模拟水平和精度有待进一步提高。具体体现在：一方面，我国水温数值模拟大部分是在引进国外模型与算法基础上发展起来的，近年来虽然国内部分学者自主开发了不同维数的水库水温模型程序，但工程应用相对较少，计算精度难以检验[40]，例如，模型选择与求解方面，部分研究工作者利用仅适用于浅水区域的 σ 坐标系模拟深水水库、湖泊的水温分层研究，导致斜压梯度力和水平扩散项计算误差较大，严重影响了计算结果甚至使结果失真；另一方面，在模型参数设置与率定方面，对数值模型不确定性与敏感度研究不够重视，导致数值模拟研究中参数率定工作量的增加，降低了模拟精度[41]。

（2）水温研究基础数据匮乏，获取困难

数值模拟基础数据的收集和监测工作作为系统工程，历来既是重点又是难点。具体体现在：一方面，原体水温基础监测数据量少且不规范，存在空间上不系统、时间上不连续的现象，以水库大坝为例，水库原体水温监测多以高坝为主，且空间上大多仅监测坝前断面，对库区沿线监测断面较少，时间上无连续、长期的系统监测。另一方面，野外部分点位监测工作因为地形等客观原因无法开展，测量获得数据仍不能完全满足数值模拟的要求，以天然河道三维模拟为例，构建模型需要大量大断面和河流地形数据，现阶段能够开展的大断面监测远不能满足模型构建需要。

（3）水温模拟与生态保护对象需求关系的定量研究较少

目前，国内水温模拟研究主要集中在深水水库湖泊水温分层、分层取水措施布置和梯级水库水温累积影响研究等方面，其水温模拟研究的生态保护目标较为笼统，阈值设置科学性有待商榷，同时水温模拟中生态保护目标的水温需求主要基于栖息地保护的传统水力学法、水文学法等设置，尚未从研究区域不同时段重点保护对象的水温需求出发，例如，有些水温模拟研究针对鱼类产卵期水温需求目标依据经验设为 18℃，未进行研究区域重要保护目标相关研究，后续生态保护措施有效性难以保证。因此，亟待在加强生态保护目标的水温需求理论研究的基础上，重点研究水温与不同保护对象要素间的量化关系研究，为提出切实有效的生态保护措施提供技术支撑。

（4）流域水温间接、累积以及与其他因素的协同影响的多学科交叉研究有待深入

河流生态栖息地是为生物提供生存环境的一个整体，对象中任何一个因素的变化都会对其他因素造成直接和间接的影响。与此同时，生物某些重要生理行为也是不同因素

协同刺激的结果，因此，基于生态保护开展水温间接、累积以及与其他因素（水力学条件、水质等）协同作用影响研究是十分必要和迫切的。近年来，国内也陆续开展了相关研究，取得了一定成果，但成果应用还需要在累积影响研究（横向）和协同作用研究（纵向）两方面进行研究验证。例如，现阶段已利用 MIKE 系列软件模拟了梯级水电大坝的水温空间累积影响并推荐了基于水温影响的梯级水库建设优化配置方案，但水温的时间累积影响和与其他因素的协同影响还有待研究；另外，对于目前水库水温分层和分层取水的模拟，分层取水的目的是防止“冷害”破坏，保护下游生态，但当前部分开展分层取水模拟研究的目的不明确，从保护鱼类产卵场来说，鱼类产卵是水温、流速和水位等多方面共同作用的结果，条件缺一不可。

4 对策与展望

（1）从原理、模型和算法等出发，继续深入开展数值模拟研究

相比国外，我国开展数学模型求解、数值模拟的时间较短，模拟水平还需从原理研究、模型构建和算法创新等方面全方位提高。

第一，积极开展数值模型原理与求解方法研究，加强算法与数据模型软件的改进或者自主开发。现阶段，CFD 商业软件的发展已非常成熟，许多开源模拟软件也可以利用，应根据研究项目特点选择适宜软件和解法，必要时用户也可自定义改进模型、解法。比如，使用 EFDC 和 MIKE11-RESERVIOR 等软件利用 σ 坐标模拟深水型水库或湖泊水温时，需要对仅适用于浅水的 σ 坐标进行修正，防止斜压梯度力和水平扩散项产生误差，PM Craig 等利用 EFDC 源代码构建了 $\sigma-zed$ 坐标系，极大地降低了模拟误差[42]，国内也有部分研究人员对其进行了修正，但还需系统化并加以推广；利用 Fluent 进行水温三维模拟时，也可以利用用户自定义模块（UFD）输入适宜的水温输运控制方程。理论发展方面，近年来国内外开始陆续研究运用格子 LBM（Lattice Boltmzmann Methods）理论求解湍流模型，相比目前国内流行的 NESs 理论，LBM 理论在针对弱可压缩或者不可压缩流动的模拟时精度更高，弥散误差更小，计算速度更快，耗散更低，但高阶弥散误差稍大[43-44]，在水温模拟实际应用中也取得了良好的效果。

第二，研究细化模型的边界条件是数值模拟的关键部分。现阶段，利用立面二维模拟软件开展水库分层取水研究时，气象边界条件大多使用月均数据，无法精确模拟水库水温分层变化，不能满足水库生态调度需要，因此，在条件具备情况下，应采用日均数据进行模拟。

第三，加强水温模型的不确定性和敏感度以及适用性分析研究。开展模型不确定性和敏感度分析研究，不仅可以大大降低模型率定时间、提高模型模拟精度，而且还有利于有限条件下基础数据的收集工作。李艳[45]利用 CE-QUAL-W2 模拟深水水库水温结构，演算发现垂向水温对风遮蔽系数与动态光遮蔽系数最为敏感，李一平[46]通过 EFDC 模拟太湖，反复演算证明模拟浅水湖泊要充分考虑湖泊岸线和地形，着重率定风场参数以及床面粗糙度。

（2）提升基础数据监测工作水平，积极建设数据共享平台

监测数据是开展数值模拟的基础，数据的收集与监测决定了数值模拟的精度。一方面，加强日常监测工作的管理，保证监测工作的规范化、系统化和连续性，提高监测数据的科学性与准确性。另一方面，积极推进新技术在研究监测工作中的应用。水温模拟研究区域多地广人稀，环境现状资料匮乏，交通不便，难以开展野外调查，而充分利用无人机、遥感、GIS 地理信息系统和全球定位系统等高新技术，有利于提高监测能力，为开展水温模拟提供数据支撑。与此同时，应积极建设数据共享平台，减少人力与财力的浪费，为科研工作提供数据基础。

（3）依托生态红线，结合不同时段生态保护要求，开展水温阈值研究

基于我国生态环境保护的创新型管理模式与方法——“生态红线”，陈凯麒[43]提出了“水电生态红线”理论和实现步骤，即科学划定三条红线：规划红线、要素控制红线和管理红线。开展水温阈值研究就是要遵循我国“生态红线”管理理论，满足基于水电开发对生态环境产生的效应确定的开发水体区域不同时期的生态保护水温阈值。例如，缓解水库大坝建设引起的水温变化对坝下鱼类“三场一通道”的影响，需要在开展水库水温模拟的同时结合生态学和生理学等方面的研究，明确不同时段水生生物，包括“鱼类三场”的水温阈值。同理，在湖泊与温排水水温模拟中，也应结合不同时段研究区域保护对象水温极限阈值开展模拟研究。

（4）以生态系统为作用对象，深入开展水温间接、累积和系统作用影响的量化研究

水温对生态系统具有潜在、间接、长期和累积影响，例如，水温的升高与降低会影响水中溶解氧浓度和水体黏滞性，对水体中的生物会产生水温外的间接影响；鱼类产卵繁殖适宜性条件包括流速、温度、水位等，多种因素缺一不可，除了水温，还需满足其他因素的阈值条件。因此，亟待开展水温间接影响以及与水文水动力条件、理化因子等其他因素的协同影响等方面的研究。在水文学、生态学、生物学和环境科学等多学科交叉研究基础上，开发生态系统层面的数值模拟软件。国内，倪浩清[47]在曲线坐标下建立了三维水动力学的生态综合模型，以模拟浮游生物生态系统，但后续推广应用较少。国外，Karsten Bolding 和 Dennis Trolle 团队已着手整合开源软件的生态系统数值模拟平台 FABM（Function Action Behavior Mechanism）[48]，可用于河流生态系统水文水力学和水质等多方面的统一交互模拟，虽然还未成熟，但值得国内数值模拟软件开发研究人员借鉴。此外，水温累积影响方面，应结合生态保护，以累积影响理论为基础，从空间和时间两方面继续深入水温累积影响理论方法与数值模拟研究。

参考文献

[1] 廖文根 . 筑坝河流的生态效应与调度补偿 [M]. 北京：中国水利水电科学出版社，2013.

[2] 胡维平 . 太湖蓝藻水华污染是多因素所致突发事 [EB/OL]. http://news.sciencenet.cn/html/showsbnews1.aspx?id=181762 [2016-03-25].

[3] G T Orlob. Mathematical modeling of water quality：streams，lakes，and reservoirs.IIASA，

1983.

[4] D R F Harleman. Hydrothermal Analysis of lakes and reservoirs[J]. Journal of Hydraulics Division，1982，108（3）：301-325.

[5] 范乐年，柳新之 . 湖泊、水库和冷却池水温预报通用模型 [M]. 北京：水利水电出版社，1984.

[6] Gregory E Norton，Andrea Bradford. Comparison of two stream temperature models and evaluation of potential management alternatives for the Speed River，Southern Ontario[J]. Journal of Environmental Management，2009，90（2）：866-878.

[7] 江春波，张永良，丁则平 . 计算流体力学 [M]. 北京：中国电力出版社，2007.

[8] 王福军 . 计算流体动力学分析——CFD 软件原理与应用 [M]. 北京：清华大学出版社，2004.

[9] FLOW-3D User Manual Version9.4.

[10] EFDC_Explorer7 用户使用手册：环境流体动力学模型前 - 后处理系统 .

[11] Delft3D-FLOW User Manual Version3.14.

[12] OpenFOAM 用户指南 Version2.3.1.

[13] Hodges B R，Dallimore C. Estuary and lake computer model:ELCOM science manual code[M]. Perth：Centre for Water Research，University of Western Australia，2001.

[14] 我国与世界的大坝建设比较（科普）[N]. 中国能源报，2014-07-07（22）.

[15] 张士杰，彭文启 . 二滩水库水温结构及其影响因素研究 [J]. 水利学报，2009，40（10）：1254-1258.

[16] 唐笑 , 程永光 . 基于 FLUENT 的水库水温多维预测 [J]. 武汉大学学报：工学版，2010，43（1）：59-63.

[17] 戴凌全，戴会超，毛劲乔，等 . 河道型水库立面二维水温结构数值模拟 [J]. 排灌机械工程学报，2015，33（10）：859-865.

[18] 李嘉，梁瑞峰 . 水库水温分层的流场分析 [J]. 天津大学学报：自然科学与工程技术版，2014，47（5）：395-400.

[19] 甘衍军，李兰 . 基于 EFDC 的二滩水库水温模拟及水温分层影响研究 [J]. 长江流域资源与环境，2013，22（4）：476-484.

[20] Bartholow John M，Campbell Sharon G，Flug Marshall. Predicting the thermal effects of dam removal on the Klamath River[J]. Environmental Management，2005，34（6）：856-874.

[21] DIAO Wei，CHENG Yong-guang，et al. Three-dimensional prediction of reservoir water temperature by the lattice Boltzmannmethod：Validation[J]. Journal of Hydrodamics，2015，27（2）：248-256.

[22] H Lee，S Chung，I Ryu，et al. Three-dimensional modeling of thermal stratification of a deep and dendriticreservoir using ELCOM model[J]. Journal of Hydro-environment Research，2013（7）：124-133.

[23] Yu-Shi WANG，Marcela POLITANO，et al. Towards full predictions of temper- ature dynamics in McNary Dam forebay using Open FOAM[J]. Water Science and Engineering，2013，6（3）：317-330.

[24] 陈秀铜，李璐 . 减少低温下泄水不利影响的水库取水方法研究 [J]. 人民长江，2010，41（17）：

65-68.

[25] 张士杰．水库低温水的生态影响及工程对策研究 [J]. 中国生态农业学报，2011，19（6）：1412-1416.

[26] 陈弘．大型水库分层取水下泄水温模型试验与数值模拟研究 [D]. 天津：天津大学，2013.

[27] 张少雄．大型水库分层取水下泄水温研究 [D]. 天津：天津大学，2012.

[28] 陈庆伟，陈凯麒，等．流域开发对水环境累积影响的初步研究 [J]. 中国水利水电科学研究院学报，2013，1（4）：301-305.

[29] 黄峰，魏浪，等．乌江干流中上游水电梯级开发水温累积效应 [J]. 长江流域资源与环境，2009，18（4）：337-342.

[30] 刘兰芬，陈凯麒．河流水电梯级开发水温累积影响研究 [J]. 中国水利水电科学研究院学报，2007，5（3）：173-180.

[31] 张士杰，闫俊平．流域梯级开发方案调整的水温累积影响研究 [J]. 水利学报，2014，45（11）：1336-1343.

[32] 李兰，武见．梯级水库二维环境流体动力学数值预测和水温分层与累积影响规律研究 [J]. 水动力学研究与进展，2010，25（2）：155-163.

[33] 邓云，李嘉，等．梯级电站水温累积影响研究 [J]. 水科学进展，2008，19（2）：273-279.

[34] 梁瑞峰，邓云，等．流域水电梯级开发水温累积影响特征分析 [J]. 四川大学学报：工程科学版，2012，44（S2）：221-227.

[35] 唐旺，周孝德，等．龙头水库方案变化对下游梯级开发的水温累积影响 [J]. 西安理工大学学报，2012，28（4）：392-397.

[36] 徐梦佳．水库温排水增温模拟及其对富营养化影响分析 [J]. 农业环境科学学报，2012，31（6）：1180-1188.

[37] 王庆改，戴文楠，赵晓宏，等．基于 Mike21FM 的来宾电厂扩建工程温排水数值模拟研究 [J]. 环境科学研究，2009，22（3）：332-336.

[38] 陈沐松，宋兰兰．Mike 21 在垃圾发电厂温排水数值模拟中的应用 [J]. 安徽农业科学，2011，39（15）：9221-9223.

[39] 张继民，张新周．Delft3D 在海湾电厂温排水数值模拟中的应用 [J]. 人民长江，2009，40（1）：59-62.

[40] 张士杰，刘昌明，等．水库水温研究现状及发展趋势 [J]. 北京师范大学学报：自然科学版，2011，47（3）：316-320.

[41] 李一平，唐春燕．大型浅水湖泊水动力模型不确定性和敏感性分析 [J]. 水科学进展，2013，23（2）：271-277.

[42] PM Craig，DH Chung，et al. Sigma-zed：a computationally efficient approach to reduce the horizontal buoyancy gradient error in the efdc's vertical Sigma grid. 11th International Conference on Hydrodynamics. 2014.

[43] Hui Xu，Pierre Sagaut. Optimal low-dispersion low-dissipation LBM schemes for computational aeroacoustics[DB/OL]. http://arxiv.org/pdf/1107.4543v1.pdf.

[44] 徐辉．Lattice Boltzmann Shemes 理论优势 [DB/OL]. http://www.opencimulation.org/?p=537.

[45] 李艳，邓云 . CE-QUAL-W2 在紫坪铺水库的应用及其参数敏感性分析 [J]. 长江流域资源与环境，2011，20（10）：1274-1278.

[46] 陈凯麒，陶洁 . 水电生态红线理论框架研究及要素控制初探 [J]. 水利学报，2015，46（1）：17-24.

[47] 倪浩清，李福田 . 曲线坐标下三维水动力学生态综合模型的建立 [J]. 水利学报，2005，36（8）：891-899.

[48] Dennis Trolle，et al. A community-based framework for aquatic ecosystem models[J]. Hydro-biologial，2012，683（1）：25-34.

溪洛渡水库蓄水初期的水温模拟与分析

谢奇珂[1]　陈永灿[1]　刘昭伟[1]　李　翀[2]　吕平毓[3]

（1. 清华大学水沙科学与水利水电工程国家重点实验室，北京 100084；2. 中国长江三峡集团公司科技与环境保护部，北京 100038；3. 长江上游水文水资源勘测局，重庆 400014）

摘　要：溪洛渡水库是位于我国云南省和四川省交界处的一座大型水库，2013 年开始蓄水。其最大水深接近 285 m，正常运行后长年将有大部分时间处于水温分层状态。为了得到溪洛渡水库在一年中垂向水温结构及年内的变化规律，在 2014 年进行了坝前的垂向水温结构监测，监测数据结果证实了在夏季和秋季存在稳定的水温分层结构。为了更好地理解溪洛渡蓄水后库内水温演替规律，引入立面二维水质水动力模型 CE-QUAL-W2 对溪洛渡的水库水温进行模拟。模拟的结果与监测结果基本一致，并清晰地揭示了溪洛渡水温年内变化规律。

关键词：溪洛渡；水温结构；监测；模拟；CE-QUAL-W2

1　研究背景

巨型水库的建设和运营对水体和周边的环境和生态有着巨大的影响，其中水体水温改变的影响尤为巨大。水温结构在河流中对于整个水生生态系统的健康起关键影响 [1]。库内水体水温垂向分层的结构将进一步导致溶解氧、化学物质及水体生物等的分层 [2]。同时，水库水温结构的改变对下游的水温时空分布都产生影响 [2-3]。这些变化将显著地改变库区及下游的水生生态，并进一步影响毗邻的陆地生态。

水库水温垂向分层结构的周期性出现和消失，是水体表面热交换、来流水温、来流流量同水库水体、能量相互作用、相互影响的结果 [4]。分层的结果将导致在水库常规运行的年份中，春夏季节水温偏低，同时秋冬季节水温偏高。梯级电站有累积效应，将放大这些水库水温偏差并延迟某些特定水温的出现时刻 [2]。

资助项目：中国长江三峡集团公司项目（0799532），国家自然科学基金资助项目（No. 51279079），教育部新世纪优秀人才支持计划（NCET-12-0309）。

作者简介：谢奇珂（1991—），男，四川人，博士研究生，主要研究方向为水库水环境。E-mail: qilukehere@163.com。

通讯作者：刘昭伟（1973—），男，河北人，副教授，博士，主要研究方向为生态与环境水力学。E-mial: Liuzhw@tsinghua.edu.cn。

许多水生生物的生理过程需要特定时日的特定水温环境，如鱼类产卵等对水温非常敏感，且水温过低将减弱新陈代谢，降低食欲甚至停止觅食[5-6]。这样的水温偏差和延迟对这些水生生物产生了极大的不利影响，并进一步影响水体生态的稳定性。同时，因为库区周边农作物的灌溉部分使用水库水，而一些谷物等作物对于水温非常敏感，其发芽和生长要求一个适合的灌溉水温范围，超出了这个范围，植物的光合作用、呼吸作用、矿物质吸收和有机物的转移输运都将减缓，从而降低了谷物产量[7]。故水温的变化同时也会影响水库周边的农业。

自然的变化和人类的活动，如工业生产、砍伐森林和气候变化等，都会影响水库水温，进而影响水生生态。气候变化被认为是全球尺度温度变化的重要原因[8]，其对河流水温的影响对于鱼类的栖息地范围的改变可能有潜在影响[9]。研究这些自然过程和人类活动对水库的水温结构的影响，是认识这些因素对水生生态影响的必要步骤。

由于水库水温对于生态环境的巨大影响，对于巨型水库的水温结构的研究极具重要性，研究新水库蓄水发电后库区水温时间变化相较于天然状态的改变，提供库区水温空间结构的清晰而准确的描述，对于水库运营和环境管理有不可或缺的参考价值。

溪洛渡水电站是金沙江下游四级梯级电站的第三级，主要功能是发电，其他功能包括防洪、拦沙和提升下游通航条件等。其上游的两级电站尚未建成，而溪洛渡大坝于2014 年基本完工，并于 2013 年 5 月开始蓄水。当水位处于正常蓄水位时，最大水深可达 285.5 m，位于坝前。

溪洛渡水电站枢纽工程由混凝土双曲拱坝、泄洪建筑物、引水发电系统以及两岸的巨型地下厂房组成。坝顶高程 610 m，坝底高程 324.5 m。大坝在 589 m 高程处设有 7 个表孔，在 490 m 高程附近设有 8 个深孔。左右岸的引水发电隧洞各 9 条，入口底部高程 518 m。左右岸泄洪洞各 2 条，入口底部高程 545 m。在汛期，通过坝体深孔、泄洪洞和引水隧洞泄水；在非汛期，引水隧洞是主要的泄水通道。由于入口高程、离坝距离和流量的差异，溪洛渡的泄水方式对于坝前的水温结构有重要的影响。

本文关注溪洛渡水库的水温结构及年内变化规律，通过实地监测和数值模拟的办法，得到库内水温结构及变化规律的初步认识，并总结出关于它们的一些重要规律，供水库的运营和管理方参考。

2 研究方法

为得到清晰而真实的溪洛渡水库水温结构，本研究同时采用了直接监测和数值模拟的办法，目前的研究数据主要针对 2014 年。

2.1 实地监测

水库的直接监测是对水库水温结构最直接的了解，也是最可靠的数据来源。然而受限于人员、经费，以及溪洛渡偏僻的地理位置和库区落后的交通条件，本研究中获取的监测数据主要为2014年每月的坝前垂向水温数据，辅以2014年4月两次库区多断面监测。

断面水温监测使用剖面水温探测仪，可同时测量水温及水深，2014 年使用的剖面水温探测仪只能测量深度 200 m 以内水温。监测时乘坐小艇到断面中央进行测量。

多断面监测测量了从码口到坝前约 120 km 范围内的多个断面，垂向水温从基本均匀到出现分层，展现了 2014 年 4 月库区水温的沿程变化规律。坝前监测记录了坝前垂向水温从年初到年末的变化。

除坝前水温外，监测数据还包括溪洛渡库区上游的华弹水文站来流水温，永善县气象数据，三峡集团公司记录的库区入流、出流数据。

华弹水文站位于大坝上游约 235 km 处，按规范该水文站每天早上 8 点测量河流表面水温。华弹水文站所处断面水深较浅，流速大，受水库影响小，垂向混合充分，可视为垂向水温均匀。但由于太阳辐射、气温等与河流的作用，早上 8 点测得的水温通常是日内最低水温，如果被用来作为数值模型的入流水温，总体入流输入能量必定是偏低的，需要进行调整。

永善县气象数据为每小时监测，数据包含气温、风速、风向、相对湿度等。

三峡集团公司官方网站上公布的库区入流、出流数据为每日 8 时、12 时、14 时及 18 时测量的流量数据。其中，出流数据还得到了溪洛渡电站的运营记录，包括泄洪洞、引水发电隧道、深孔、泄流底孔等的分项流量数据，可在坝前用来更精确详尽地描绘出流状况。

2.2 数值模拟

本研究中引入了立面二维水质水动力模型 CE-QUAL-W2。溪洛渡水库是河流型水库，地形狭长，两岸为陡峭的天然边壁，能较好地满足立面二维模型将河流横向流动特性平均化的假设。

在本研究中，不涉及水质模拟，主要针对水温的模拟结果包含水位、水温、流速和水力停留时间。

2.3 上游断面及起始时间选取

建立模型时，入流断面的位置和起始时间的选取受多方面因素影响。选择垂向水温均匀的断面作为上游断面，便于入流水温准确设置。因为 CE-QUAL-W2 模型的模拟结果水位沿程变化非常小，故入流断面选在不受库尾三角区影响的位置。同时，选取的入流断面的河床高程应低于水库正常运营时段的最低水位，避免模拟段上游露出水面。起始时间应选择整个库区水温较为均一的时段，方便设置初始水温。

溪洛渡水库在基本建成后，从 2013 年 5 月 4 日开始蓄水，蓄水约 60 天后，坝前水位从 440 m 提升至 540 m。初步模拟结果显示，在该时段内，水库水温总体均匀，选取该时段内某一天为模拟起始日期可简单而准确地设置初始水温。

溪洛渡水库正常运行中汛限水位 540 m，在 2013 年 6 月底之后水位均不低于此水位，选取河床高程低于 540 m 的河段作为模拟的入流断面，使得低水位时段上游河床低于水位，避免模型出错。

综合考虑起始日期入流断面水位、入流断面河床高程、入流断面水温垂向分布及起始日期水库水温分布，模拟起始时间选定为 2013 年 6 月 29 日，以 2013 年 1 月 1 日起记的第 180 天作为起始日期，距大坝 155 km 断面作为入流断面。此时水库水温总体均匀，约 22℃；入流断面河床高程 534 m，低于常规运行最低水位 540 m；入流断面距离库尾约 80 km，水面平缓，水位接近坝前水位；入流断面全年基本垂向混合充分，水温均匀分布。

2.4 地形条件

选定入流断面后，根据溪洛渡坝前 155 km 内实测的 132 个断面高程数据设置地形条件，共包含纵向 107 个区段，垂向 79 层，层高设为 2 m，网格见图 1。

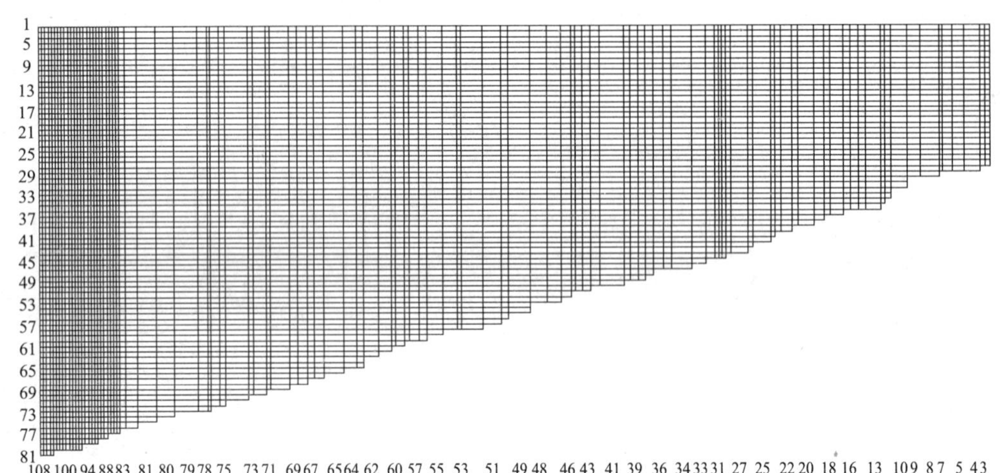

图 1 溪洛渡模拟中的地形网格示意

2.5 边界条件

建立的模型使用 2013—2014 年的真实数据作为边界条件，使用华弹水文站测量的入流水温，三峡集团公司公布的入流数据，溪洛渡电站的出流数据，以及永善气象站的地面气象数据。水温模型中使用的露点温度根据 Goff-Gratch 公式的拟合式计算得出 [10]。

2.6 模型参数

模型选用 k-ε 模型计算垂向紊动系数 [11]。采用均衡温度的方法计算表面热交换。

3 实地监测结果

3.1 流量及水位

在运行计划中，6 月在洪水期来临前水位降至死水位 540 m，电站按保证出力发电；7 月初将库水位抬至汛期排沙限制水位 560 m；7 月、8 月水库水位维持在 570 m 运行；9 月初水库开始蓄水，水库水位逐步抬高到正常蓄水位 600 m；10—12 月水库一般维持在正常蓄水位 600 m 运行；次年 1—5 月为供水期，水库水位逐渐消落至死水位 540 m。

溪洛渡水库从 2013 年 5 月 4 日开始蓄水，图 2 和图 3 显示了 2013—2014 年溪洛渡水库入流、出流和水位变化的情况。2014 年后半年水位依照设计的运行水位进行控制，在蓄水初期的第一年是一个试运行的过程。

溪洛渡水库每年的前 6 个月入流流量在 2 000 m³/s 左右，7—9 月为洪水期，洪水峰值流量接近 16 000 m³/s，洪水期结束后，至 11 月流量恢复到 2 000 m³/s 左右。

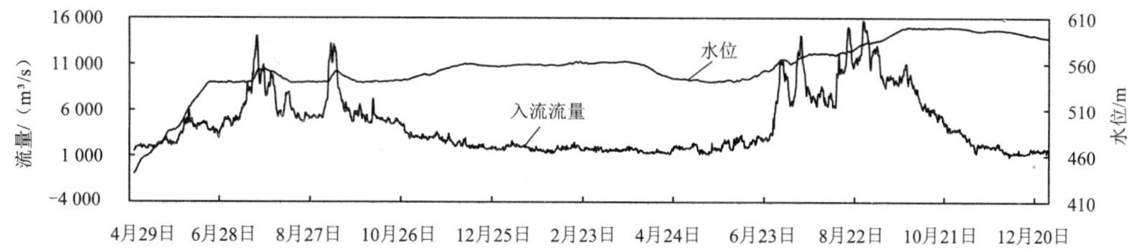

图 2　溪洛渡水库 2013 年 5 月—2014 年 12 月的坝前水位和入流流量

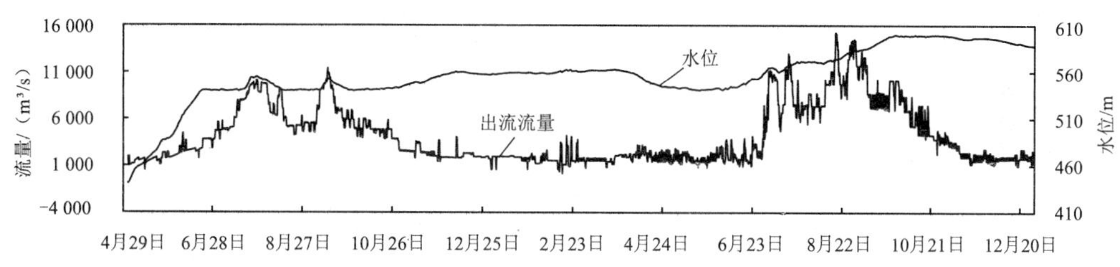

图 3　溪洛渡水库 2013 年 5 月—2014 年 12 月的坝前水位和出流流量

3.2　入流水温及气温

溪洛渡水库的来流水温由库区上游的华弹水文站监测，每日早 8 点测量表面水温。根据其他研究对日水温变化的监测，气温和太阳辐射对水温有较大影响，早上 8 点左右水温通常为最低值，下午 4 点左右通常为最高值。根据季节和气候的变化，日平均水温应在此水温的基础上增加 0.4 ～ 1.5℃。入流水温在冬季最低，夏季最高，变化范围为 10 ～ 23℃。2014 年入流水温高于 2013 年同期。

溪洛渡气温数据来源于溪洛渡气象站，气象站提供每小时的气温。库区冬季最低气温低于 0℃，而水面不结冰。溪洛渡昼夜温差夏季较大，约 10℃，冬季较小，约 5℃。气温平均值在夏季高于水温，在冬季低于水温。

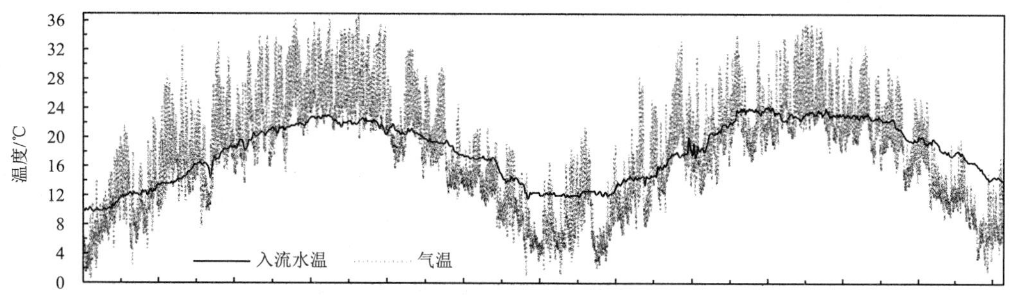

图 4　溪洛渡水库 2013—2014 年的入流水温和库区气温

3.3 坝前垂向水温

图 5 是 2013 年 9 月、12 月及 2014 年各月测量的坝前垂向水温。从图中可以看出蓄水初期，坝前水温垂向较为均匀，没有分层，2013 年 9 月—2014 年 3 月是一个降温过程，库区水体降温的过程主要受来流水温降低、气温降低的控制。这段时期由于还处于水位上升后的平缓期，且来流水温不高于库底水温，垂向混合充分，没有分层。

2014 年 3—8 月，由坝前水温测量的结果推断，总体处于上升的趋势中，期间表水层水温逐渐升高，但不高于入流水温。深水层水温缓慢上升，期间从 12.8℃左右上升至 14℃左右（8 月测量深度不足，未到河流底部，根据深水层升温的趋势推测，应介于 7 月和 9 月之间，约 14℃）。温跃层温度梯度逐渐增大，且温跃层高程范围从 500 ～ 520 m

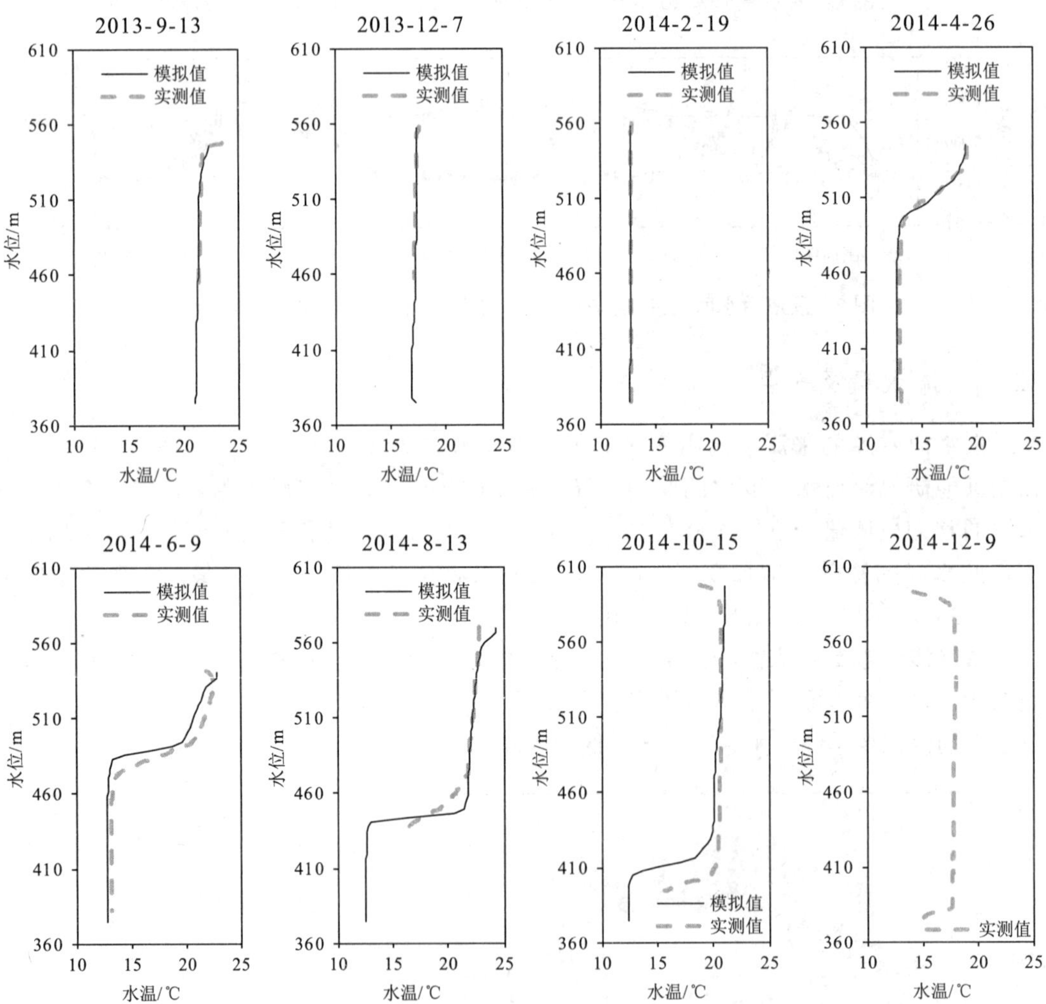

图 5 溪洛渡坝前水温实测值及模拟值

逐渐降至 440 ～ 470 m。

这段时间下泄水流的主要通道是引水发电隧洞，隧洞入口高程为 518 ～ 528 m，高于温跃层；下泄通道中高程最低的深孔底部高程为 490.7 m，流量较小，且不低于温跃层。坝下水温略低于坝前表水层水温。考虑到下泄通道的高程、流量的影响以及坝下水温，综合分析可知下泄的水主要来自表水层，掺有少量下层水。表水层水温受来流水温上升、气温升高和太阳辐射增强的影响，水温不断上升。2014 年 7 月初，水位调控，下泄量由 2 000 m^3/s 陡增至 10 000 m^3/s 以上，表层水体更新频率加快，垂向混合加剧，混合水深范围变大；而表层水温升高，不利于垂向混合，前者占据了主导地位，因而温跃层高程降低。深水层水温上升的能量主要源自垂向混合的热交换。

夏季洪峰来临时，温跃层在两个月内下降了 80 m，这证明流量对夏季温跃层的位置的变化起主导作用。

2014 年 6 月 9 日，坝前水有较稳定的分层结构，而表水层水温低于来流水温约 0.8℃，约等于 5 月 31 日来流水温，考虑到当时流量较小，水流抵达坝前需要一定时间，以及当时气温较低，6 月 6—8 日库区有降雨，坝前表水层水温低于来流水温是可以解释的。

2014 年 8—12 月，表水层水温降低，从 20.5℃左右降低至 17.8℃左右，深水层从约 14.2℃上升至约 14.8℃，温跃层从 400 ～ 420 m 继续降低至 380 ～ 390 m。10—12 月入流水温均低于坝前表水层水温，坝下水温等于坝前表水层水温，表水层水温下降的趋势同入流水温的下降趋势一致，但幅度更小。坝前深水层水温在 10 月、11 月缺乏测量资料，但根据 9 月及 12 月的数据分析，深水层水温小幅度上升。温跃层在继续下降，从 400 ～ 420 m 降至 380 m 左右，在 12 月底接近库底。

来流水温降低是坝前表水层水温降低的主要原因，气温及太阳辐射的降低也有一定影响。因为表水层水温降低，表面密度增大，垂向混合加剧，推动了表水层进一步向下发展，深水层水温也随之小幅上升。

8 月 13 日—9 月 11 日，库区水体的表水层经历了一个小幅降温过程，幅度约 1℃。而 9 月 11 日测得的坝前水温，低于前面 2 个月的来流水温 2℃左右，也低于前两月的平均气温，说明来流和气温并非是导致坝前表层水温陡降的原因。表水层水温与坝下水温一致，且此期间为夏季最大洪峰来临期，坝前水温结果显示温跃层大幅降低，故垂向混合可能是导致表水层降温的原因。但 7 月 17 日—8 月 13 日温跃层降低幅度相同，来流水温与气温情况相似，流量小于 8 月 13 日—9 月 11 日，但表水层水温并未降低，反而又升高。两者相对比，应该有其他原因导致了 9 月 11 日坝前表水层的反常降温。

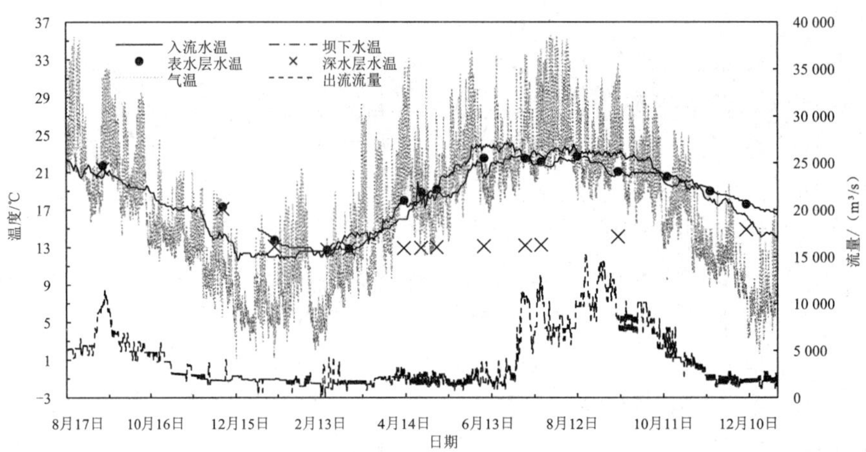

图 6　溪洛渡水库入流水温、坝下水温、表水层水温、深水层水温、气温和出流流量示意

4　模拟结果

由于溪洛渡详细的下泄量数据只到 2014 年 10 月 31 日，数值模拟从 2013 年 6 月 29 日起，到 2014 年 10 月 31 日止。

4.1　结果校核

如图 7 所示，坝前的模拟水位和实测水位基本一致，2014 年后误差稍微增加，约有 0.5 m。

将水温模拟结果中对应有实测数据日期的模拟结果与实测数据对比，总体对表水层和深水层的水温拟较为准确，在 2014 年 5 月之后，温跃层的位置模拟有一定偏差。

2014 年 9 月 11 日模拟的表水层水温高于实测，与入流水温接近，在实测结果的讨论中已经分析了该实测数据的偏差。

模拟结果与实测结果相比，在 2014 年 5 月之前吻合较好，之后的温跃层下降速度有一定偏差，6—8 月模拟结果温跃层下降速度较快，8 月之后下降速度较慢。

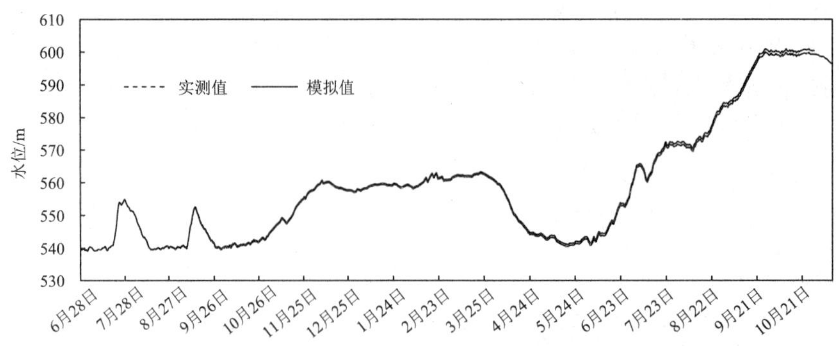

图 7　2013—2014 年坝前模拟水位和实测水位对比

4.2 模拟结果分析

分别在模拟时段内选择2013年降温、2014年年初低温、2014年升温和2014年降温四个不同时段具有代表性的日期，绘制横向流速分布、水力停留时间分布和水温分布图，可较为清晰地表述库区的水动力和水温结构，见图8至图11。

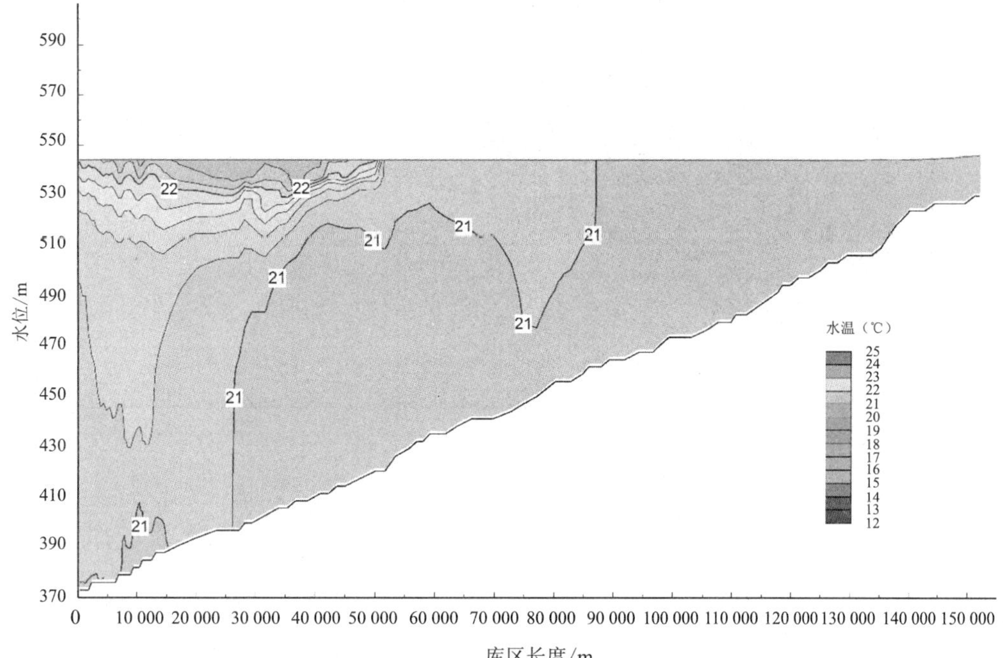

图8　2013年9月11日水温分布

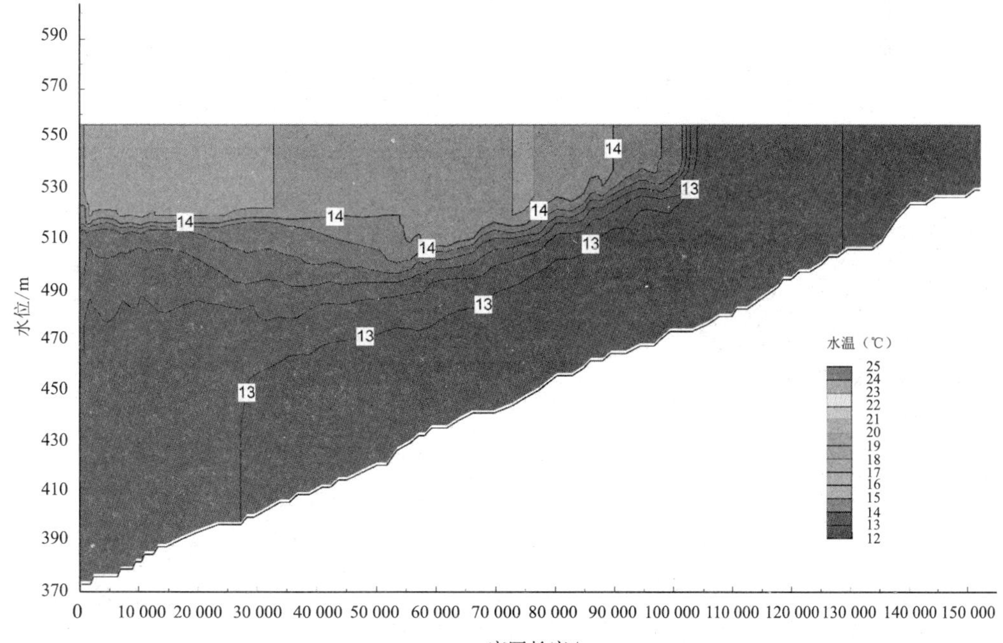

图9　2014年1月11日水温分布

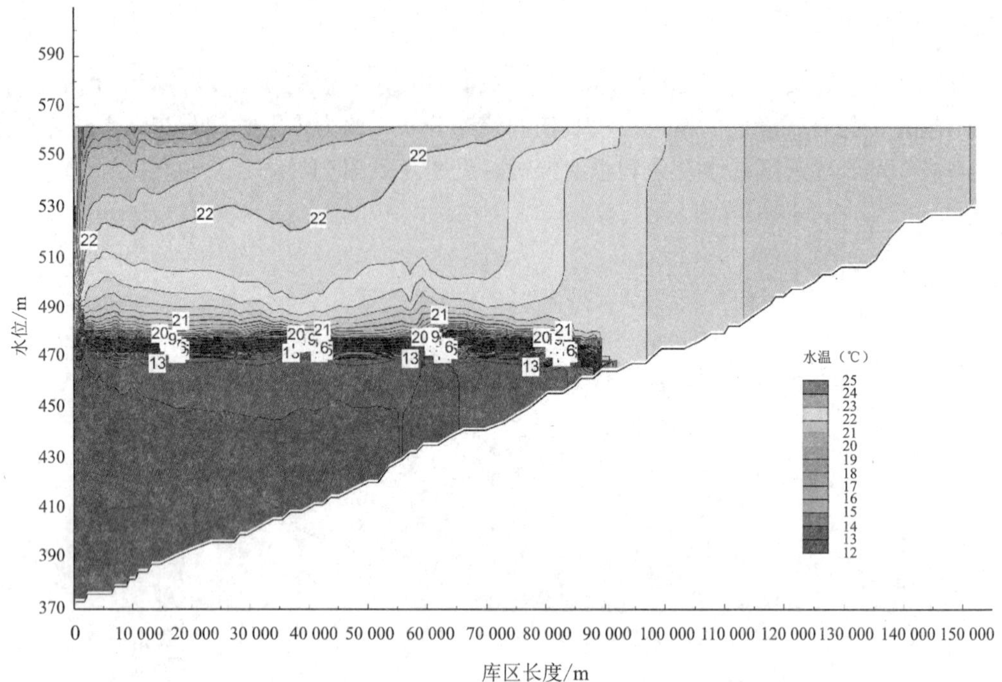

图 10 2014 年 7 月 6 日水温分布

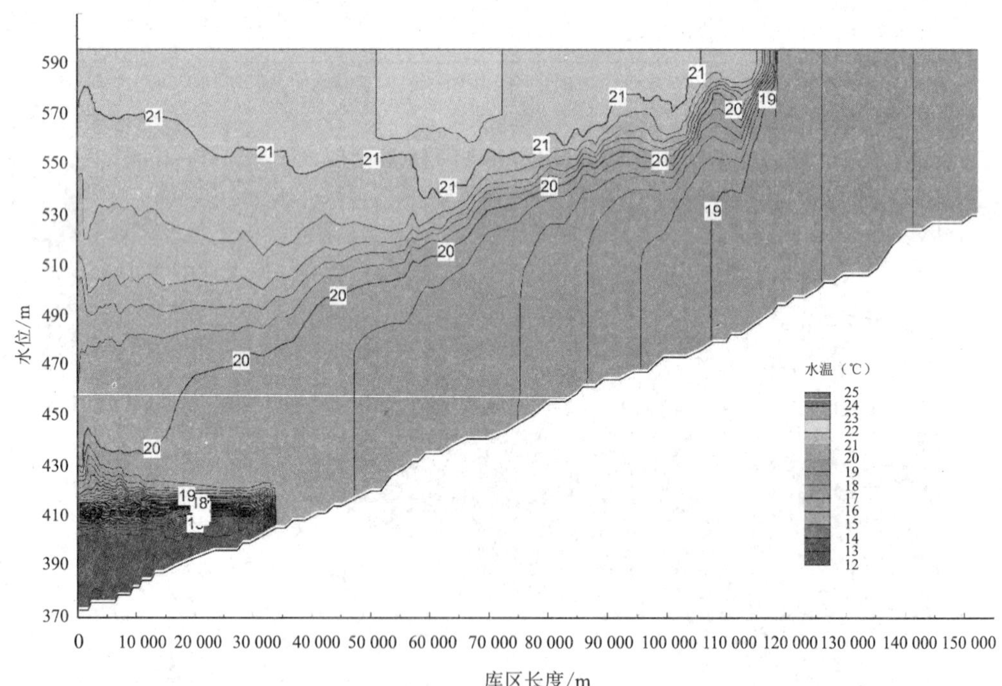

图 11 2014 年 10 月 13 日水温分布

图 8 所处时段为 2013 年最后一个洪峰来临期，入流水温、气温均开始降低，水位小幅度变化。这个过程中，库区水温为 20 ～ 23℃，略高于来流水温，上游来流基本上与库区水体均匀混合，在坝前受出水口影响，上层流动较快。

图 9 所处时段为 2014 年年初，水位保持在 560 m 左右，来流水温和气温处于一年最低值范围内，流量约为 2 000 m^3/s，库区水体温度略高于来流水温，来流水密度较高，在河流下层贴近河床流动，到坝前与深水层充分混合。此段时间库区表水层与深水层混合较少，表水层水在库区停留时间较长。

图 10 所处时段为 2014 年洪水期起始阶段，来流流量接近 13 000 m^3/s，气温较高，来流水温 23℃左右，略高于表水层水温，远高于深水层水温，来流水浮于深水层之上，仅在上层流动、混合，深水层水平流速非常小，且基本不与上层掺混。坝前表水层受气候影响，水面温度有小幅升高。

图 11 所处时段为 2014 年 10 月，流量处于下降过程，来流水温、气温均处于下降过程，库区表水层水温略高于来流水温，高于气温，深水层水温低于来流水温。来流密度大于表水层，高于深水层，进入库区后下潜，贴河床流动，直到遇到水温更低的深层水体，不再下潜，转为中间流，贴深层水体上表面流动。对比图 10 和图 11 可知，坝前深水层水体在这个过程中上表面不断与来流混合，深水层垂向深度不断被压缩。

5 结论

通过溪洛渡水库的实地监测和数值模拟，对库区内的水动力和水温结构有了较为清晰的认识。从 2013 年开始蓄水到 2014 年年末供水期，溪洛渡在两年中经历了不同规律的周期变化。

2013 年由于刚开始蓄水，水深相对较浅，垂向混合充分，分层不明显。2014 年具有一定水深后，深水层的水体温度保持在相对较低的范围内，这导致随来流水温的变化，来流水温有上浮或下潜的不同形态，对库区水体能量、溶解氧和其他化学物质的垂向交换有非常巨大的影响。可以预知，水库在多年按照运营计划进行调度后，年内的水动力和水温结构的周期性变化将趋于稳定，定性来看，将类似于 2014 年的水动力和水温结构的变化规律。水体分层和深水层滞留时间过长将成为影响库区水体的主要原因。

参考文献

[1] Caissie D. The thermal regime of rivers: a review[J]. Freshwater Biology，2006，51（8）：1389-1406.

[2] 邓云 . 梯级电站水温累积影响研究 [J]. 水科学进展，2008，19（2）：273-279.

[3] Dallas H. Water temperature and riverine ecosystems：An overview of knowledge and approaches for assessing biotic responses, with special reference to South Africa，Water SA，2008.

[4] Balistrieri LS，RN Tempel，LL Stillings，et al. Modeling spatial and temporal variations in temperature and salinity during stratification and overturn in Dexter Pit Lake，Tuscarora，Nevada，USA[J]. Applied Geochemistry，2006，21（7）：1184-1203.

[5] 龙华 . 温度对鱼类生存的影响 [J]. 中山大学学报：自然科学版，2005（2）：254-257.

[6] 余文公，夏自强，于国荣，等 . 三峡水库水温变化及其对中华鲟繁殖的影响 [J]. 河海大学学报：自然科学版，2007，35（1）：92-95.

[7] 吴时强，吴莉莉，王惠民 . 水库的水温分层及其改善措施 [J]. 水电站设计，2007，23（3）：97-100.

[8] Schindler DW. The cumulative effects of climate warming and other human stresses on Canadian freshwaters in the new millennium[J]. Waters in Peril，2001：165-186.

[9] Sinokrot BA，HG Stefan，JH McCormick，et al. Modeling of climate-change effects on stream temperatures and fish habitats below dams and near groundwater inputs[J]. Climatic Change，1995，30（2）：181-200.

[10] Zhang Z，S Xi. Study on calculation of dew-point temperature[J]. Arid Zone Research，2011，28(2)：275-281.

[11] 邓云，李嘉，罗麟 . 河道型深水库的温度分层模拟 [J]. 水动力学研究与进展：A 辑，2004，19(5)：604-609.

紫坪铺水库水温变化规律分析

吴宇雷　梁瑞峰　李　嘉　李　永　李克锋
（四川大学水力学与山区河流开发保护国家重点实验室，成都 610065）

摘　要：对紫坪铺水库库尾天然河道、坝下进行了逐时连续观测，分降温期和升温期对紫坪铺水库进行了两次全库区观测，结合数值模拟对观测成果进行了分析。认为岷江上游天然河流水温在枯水期与气象条件高度相关，气象条件的剧变引起水温的剧变。紫坪铺电站调节带来下泄水温的冬季高温现象和春季低温现象，下泄水温变幅远低于入库水温变幅。数值模拟较好地计算了库尾水温无分层结构到坝前分层结构的发展过程，模拟出在入流、出流和水气界面热交换影响下垂向温跃层的形成和发展。水库淤积和发电进水口附近的三维流场效应导致枯期计算水温系统性偏低于实测水温。

关键词：水库水温；原型观测；数值模拟；水库淤积

大型水库的建设将对库区及坝下水生环境带来不可避免的影响。水温作为一项重要的水质要素，对于水生生物乃至整个生态系统都具有决定性的影响。水库水温的研究一般采用理论研究、室内实验和野外观测三种方式，理论研究主要基于流体力学和传热学理论建立描述水体与边界、水体内部的定性、定量热量输移规律，最终需要得到实测数据的验证；室内实验可精确控制边界条件，但由于并不存在热扩散系数比尺，小尺寸的室内实验水温变化规律无法推广到扩散占优的大尺寸原型水库中；野外观测的边界条件相对于室内实验较难控制，但通过选择河道顺直、支库库容小、河槽流来源为主的水库，采用密集测量的手段，观测结果是可以反映水库调节对水温的影响规律的。

英国和前苏联在20世纪30年代就开始对水库水温进行理论研究及实地监测，其中前苏联通过河流湖库的水温、冰情监测积累了大量实测数据，为后人对河流湖库水温变化规律的认识提供了宝贵的研究基础。美国在水温数学模型的建立和应用方面一直处于前沿水平[1-4]。日本在水库低温水灌溉对水稻产量的影响及水库分层取水方面进行了很多研究。

我国从20世纪50年代中期开始进行水库水温观测，近年来在野外观测及数学模型方面均取得了一批有价值的研究成果。如在野外观测方面，水利水电科学研究院的刘兰

资助项目：国家自然科学基金（批准号：51379136，51279114，51479127）。
作者简介：吴宇雷（1991—），男，硕士研究生，主要研究方向为环境水力学。
通讯作者：梁瑞峰（1974—），E-mail: liangruifeng@scu.edu.cn。

芬在澜沧江流域、西安理工大学的周孝德等在黄河上游龙羊峡水库、四川大学的邓云和李冰冻等在二滩水库均进行了水温变化规律的系统监测[5-8]。

上述观测对于认识水库调节带来的水温影响无疑具有不可替代的作用。但由于水库水温与水库调节能力、调度、局地气候、来流水温、泄流孔口位置和尺寸等多种因素相关，这些观测或者限于历史条件和仪器水平，或者只监测了部分影响因素，不能充分反映水温变化的主要影响因素；另外，受原型观测水库的规模限制，所得到的水温规律适用性是有限的。如目前广泛用于判断水库水温结构的 α-β 法[9]，是由日本学者在 20 世纪 80 年代中期前总结其国内已建水库特性得到的，但其观测水库最大库容仅 $4\times10^8\,m^3$。现有观测已表明该方法在判断大型水库甚至中小型水库的水温结构时是存在明显偏差的。

综上可知，随着国内大型水利水电工程的开发，对水库调节的水温影响规律的认识仍有待深化。本文拟通过对岷江上游紫坪铺水库的来流水温、坝下水温、水库调度、同步气象等实测资料进行分析，结合与数值模拟结果的对比，研究具有一定调节能力的水库对水温影响的主要途径及幅度。

1 紫坪铺水库水温原型观测

四川大学于 2009 年 11 月 6 日、2010 年 7 月 6 日进行了紫坪铺水库全库区水温观测工作，分别作为数学模型计算的初值和库区验证值；于 2009 年 10 月 20 日—2010 年 7 月 15 日对水库库尾和下泄水温进行了逐时连续观测，作为数学模型计算的水温来流条件和下泄水温验证值。

1.1 工程特性

紫坪铺水利枢纽工程位于四川省成都市西北的岷江上游，地处都江堰市麻溪乡，是一座以灌溉和供水为主，兼有发电、防洪、环境保护、旅游等综合效益的水利工程，为都江堰灌区的调节水源工程。紫坪铺水库总库容为 $11.12\times10^8\,m^3$，调节库容 $7.74\times10^8\,m^3$，具有不完全年调节能力，正常蓄水位 877 m，死水位 817 m，电站总装机 190 MW，年发电量 $34.7\times10^8\,kW\cdot h$，年利用小时数 4 496 h，于 2005 年 11 月并网发电。

电站发电、泄洪等泄流孔口垂向位置在水温分层情况下将影响下泄低温水的幅度。紫坪铺电站的发电引水口底板高程与泄洪洞高程相同（见表 1），冲砂放空洞低于电站进水口 30 m。观测期内泄洪及冲砂洞均有使用，后续计算中各下泄流量均按其实际高程出流。

表 1 紫坪铺电站发电引水口及泄洪孔口高程及尺寸

泄洪建筑物	底板高程	尺寸（宽 × 高）	备注
冲砂放空洞	770 m	4.4 m	圆形
1# 泄洪排砂洞	800 m	6.2 m×14.7 m ～ 15.9 m/10.7 m×10.7 m	龙抬头城门洞型 / 结合段马蹄形
2# 泄洪排砂洞	800 m	6.2 m×14.7 m ～ 15.9 m/10.7 m×10.7 m	龙抬头城门洞型 / 结合段马蹄形
引水建筑物	**底板高程**	**尺寸（直径）**	
进水口	800 m	8 m，圆形	

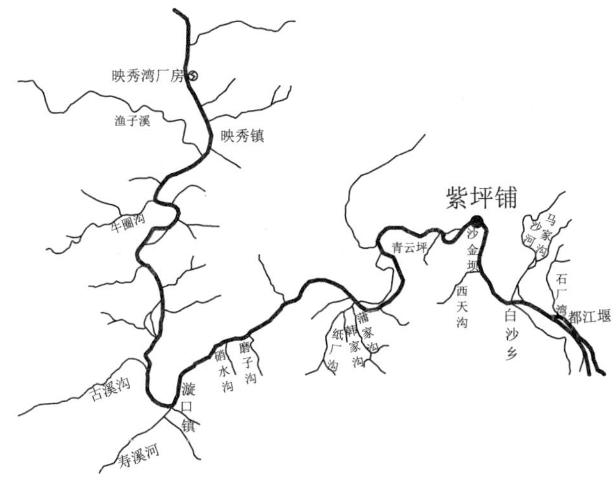

图 1　紫坪铺水库地理位置

1.2　水库调度

大坝上游 12 km 处有支流寿溪河汇入，寿溪河多年平均流量与岷江干流紫坪铺水文站多年平均流量相比低于 5%，可认为全部来流均为干流流量，不考虑寿溪河来流对紫坪铺水温的影响。

观测期间水库的逐日入出库流量、电站发电引用和泄洪流量见图 2。水库在观测期间均未蓄至正常蓄水位 877 m，在 2009 年 11 月、12 月以相对高水位运行，从 2010 年 1 月中旬进入供水期水位迅速降低，至 5 月初接近死水位，5 月中旬进入汛期后水位再迅速抬升。

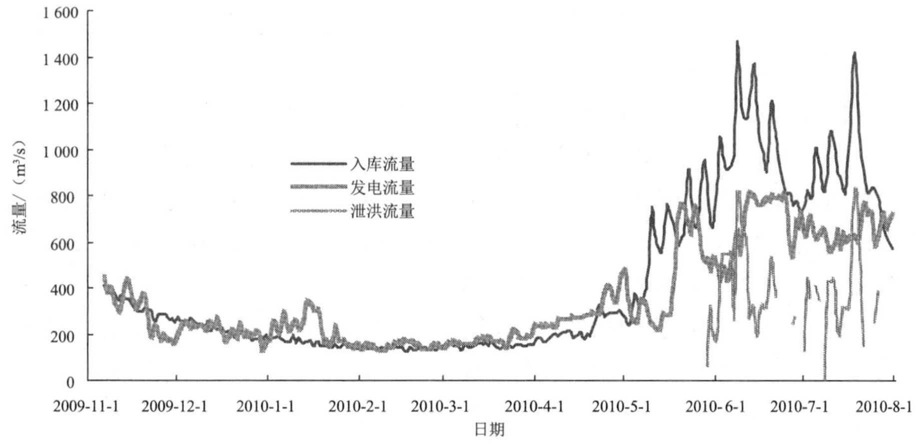

图 2　紫坪铺电站 2009 年 11 月—2010 年 7 月水库调度过程

1.3　气象、入库水温与坝下水温

图 3 为紫坪铺库区观测期间的气温及入出库水温。

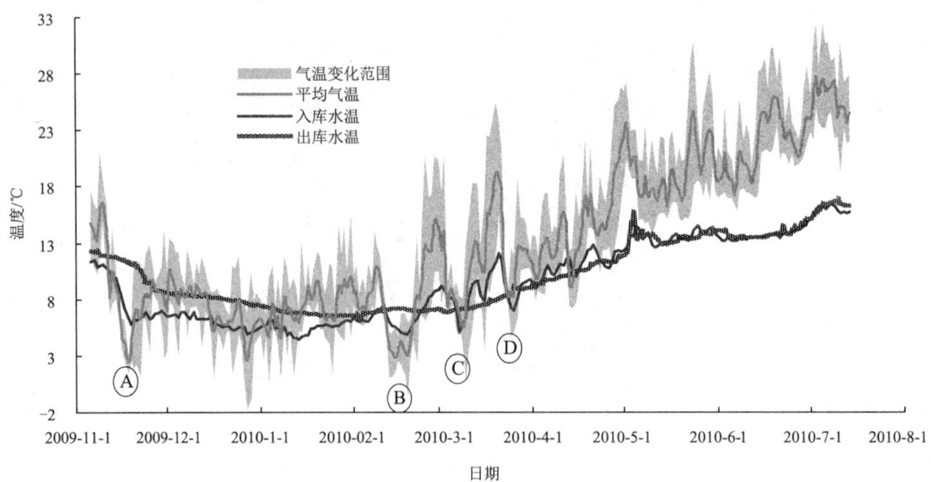

图 3 2009 年 11 月 6 日—2010 年 7 月 15 日紫坪铺入库、出库水温及气温

库区气象采用距离坝址 8.7 km 的都江堰气象站作为参证站。入库水温为紫坪铺库尾映秀电站下泄水温的连续监测值，出库水温为紫坪铺坝下的水温连续监测值，入库、出库水温均由课题组自行埋设的仪器监测。

虽然入库水温更多地是受上游汶川、茂县、理县等地山区气象的影响，但都江堰气象站地处成都平原与川西山区交界处，气温测值在一定程度上可反映岷江上游流域的年内变化过程。

上游来流水温和气象条件是河流水温变化的两个主要因素。紫坪铺水库的入库水温在枯水期与气温具有高度相关关系，图 3 中 A—D 等多个时间节点处气温与入流水温的同步剧变说明气象条件在枯期流量相对较小时对河流水温是有决定性影响的，且水温基本位于气温的日变化范围之内。另外，从 5 月中旬进入汛期后，由于流量骤增，河流水温逐渐脱离与气象的同步变化关系，转而受上游来流水温控制。

紫坪铺的出库水温与入库水温的变化趋势总体相同。但受水库调节能力变化的影响，枯期水库调节能力强，下泄水温因前期蓄热呈现高温水现象；汛期调节能力较弱时，来流在库区停留时间短，出入库基本同温。水库调节带来水温变幅的缩小，观测期间入流水温周变幅最高达 5.1℃，而水库下泄水温最高周变幅仅为 1.9℃；观测期间入流水温平均周变幅为 1.4℃，水库下泄水温平均周变幅为 0.5℃。

水库调节引起下泄水温的冬季高温现象和春季低温现象。11 月—次年 2 月实测的下泄水温平均比入库水温高 1.7℃，其中 11 月升幅最高，为 2.8℃，3—4 月实测的下泄水温平均比入库水温低 0.8℃，3 月、4 月降幅分别为 1.0℃、0.5℃。

1.4 库区水温

2009 年 11 月 6 日、2010 年 7 月 6 日测量的全库区水温分布见图 4 和图 5，图中散点为水温测点，等值线根据散点测值插值得到。

2009 年 11 月 6 日（冬季）的测量中，由于来流水温低于库区水温，来流沿库底向坝前爬行，坝前除表层外大部同温，库区仅在表层 10 m 内受气象条件影响存在温差。而在 2010 年 7 月 6 日（夏季）的测量中，来流水温在 16℃左右，水流进入库区 14 km 左右后脱离库底，在流动层上缘（即表层）、下缘（770 m 高程附近）分别形成温跃层，水库的分层现象较为明显。发电引水和泄洪孔口均高于底部的温跃层，下泄低温水现象不明显。

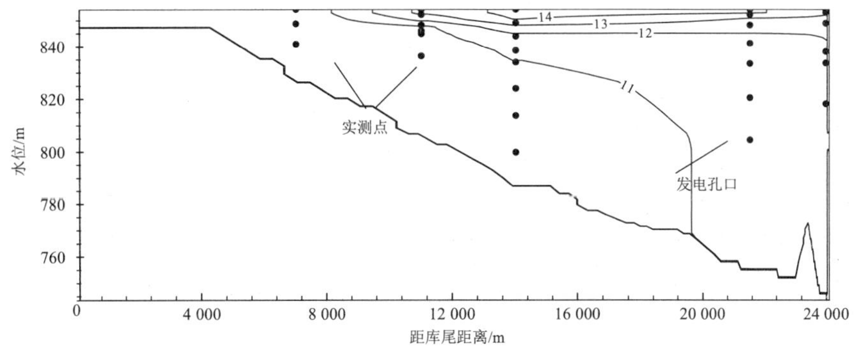

图 4　2009 年 11 月 6 日紫坪铺库区实测温度分布

（注：图中数字表示温度。）

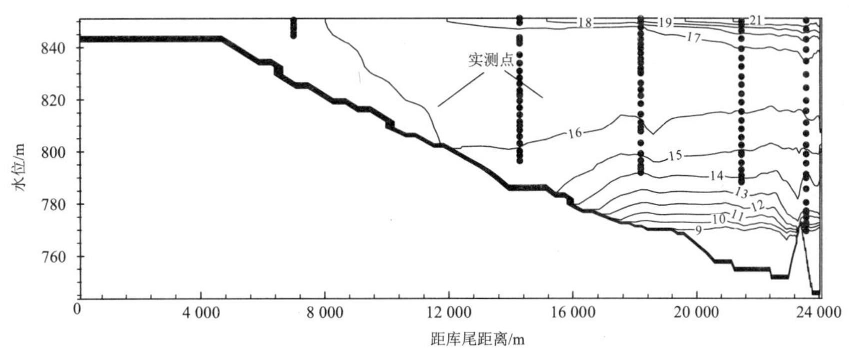

图 5　2010 年 7 月 6 日紫坪铺库区实测温度分布

（注：图中数字表示温度。）

2　紫坪铺水库水温的模拟分析

为进一步分析实测水温，采用宽度平均的立面二维水库水温数学模型对紫坪铺水库的水温变化进行模拟。

2.1　数学模型与计算条件

宽度平均的立面二维水库水温数学模型采用 k-ε 双方程紊流模型，考虑了出入流水文过程、来流水温过程、水气界面热交换，库底采用绝热边界。

模型的气象、水温、水文等边界条件均采用实测的逐日值，出流根据电站调度的实际流量分别从发电引水孔口、冲砂放空洞、泄洪排沙洞下泄。

热通量计算采用的太阳辐射表面吸收系数β和太阳辐射在水体中的衰减系数η，分别取值 0.65 和 0.5。

以 2009 年 11 月 6 日测量的全库区水温分布作为计算初始水温。流场的初值，据库尾入流水温进行多年循环计算，待稳定收敛后以 11 月 6 日的流场分布作为初始流场。

2.2 模拟结果与分析

（1）库区水温

图 6 比较了 2010 年 7 月 6 日计算与实测的库区内水温分布，颜色代表温度值，相同位置处实测点与计算等温线颜色越一致，则表明计算与实测值吻合得越好。

与实测值相比，模拟也得到了库区的双温跃层现象，库区大部分模拟值与实测值吻合较好。但模拟得到的表层水温要高于实测值，应是模型未考虑风掺混引起的表层温度均化和山体遮蔽部分辐射所致。坝前库底模拟得到了 7℃的低温，而实测的最低值为 8.4℃，但从实测的 8.4℃附近变化趋势分析，在靠近库底的位置是有可能存在更低水温的。

模拟水温分层强度总体要大于实测值，如模拟得到的 16℃水温等值线位于发电孔口的下方，而非实测的上方（见图 6）。该偏差可能由地形精度引起。模拟采用了“5 · 12”地震前的地形测量数据，地震淤积带来的库容损失使水库调节性能下降，分层强度降低。库区两次测量的所有垂线均未探至深泓线，也从侧面反映了淤积的影响。

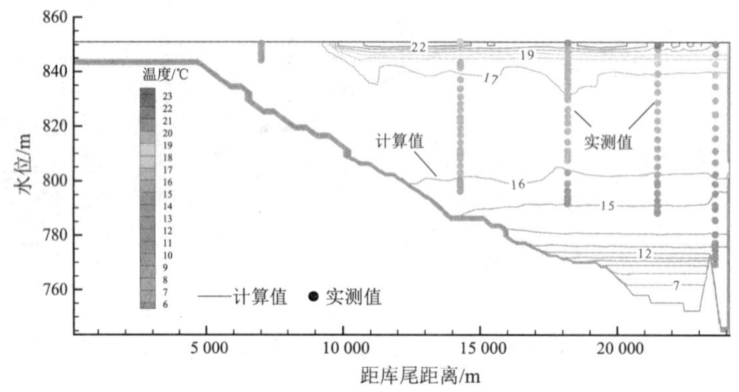

图 6 紫坪铺库区 2010 年 7 月 6 日计算与实测的水温分布比较

图 7 提取了计算的垂线数据，与实测数据进行了单线对比。

距库尾 14.3 km 处的实测和计算水温表层均出现温跃层，实测表层水温比计算水温低 3.7℃。表层温跃层之下的计算水温值与实测值较为接近，计算值比实测值约高 0.2℃。

距库尾 18.2 km 处的实测与计算水温仍存在温跃层，实测表层水温比计算值低 1.2℃，与距库尾 14.3 km 处垂向水温相比已较为接近，主要是由于随着水流向大坝前行，水面逐渐开阔，两侧山体对水面上气象条件的影响逐渐减弱。

距库尾 21.5 km 和 23.6 km 处的表层之下的实测与计算水温较接近。实测的表层水温已比计算水温高，一方面是由于坝前水面开阔山体影响减弱，另一方面，实测水温所测的是一条垂线，而计算值是一个宽度平均的数值，不能充分反映河宽方向的表层水温变化。

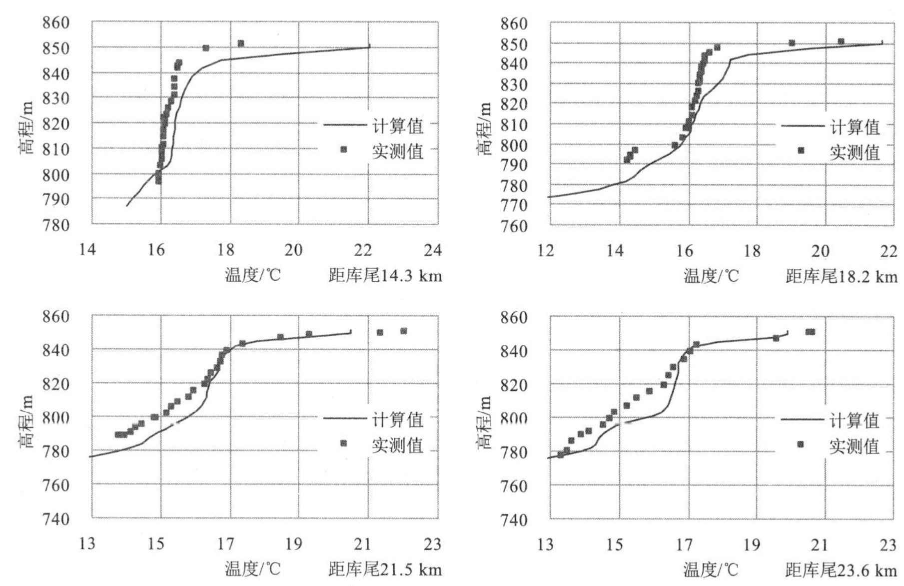

图7 紫坪铺库区2010年7月6日计算与实测的垂线水温比较

（2）下泄水温

图8比较了水库出流计算水温和坝址下游实测水温过程。计算下泄水温过程与紫坪铺坝下水温过程总体吻合较好，2009年11月6日—2010年4月5日计算水温略偏低，最大低1.2℃，2010年5月9日—7月15日的实测水温与计算水温较为接近。其中，2009年12月—2010年3月底计算水温比实测水温系统性偏低。一方面可能由三维效应引起。在升温期由于温跃层的逐渐形成，进水口附近三维流场效应导致上层温度较高的水被吸入进水口，造成实测下泄水温偏高。而目前二维水温模型尚不能模拟出进水口局部的三维效应，因此应进一步研究通过局部参数优化改善模型对取水口附近流场的模拟。另一方面，水库淤积导致调节性能降低，对枯期小流量影响较大，来流低温水可在较短的时间内运行到坝前，弱化了由于长时间延迟出库带来的低温现象。

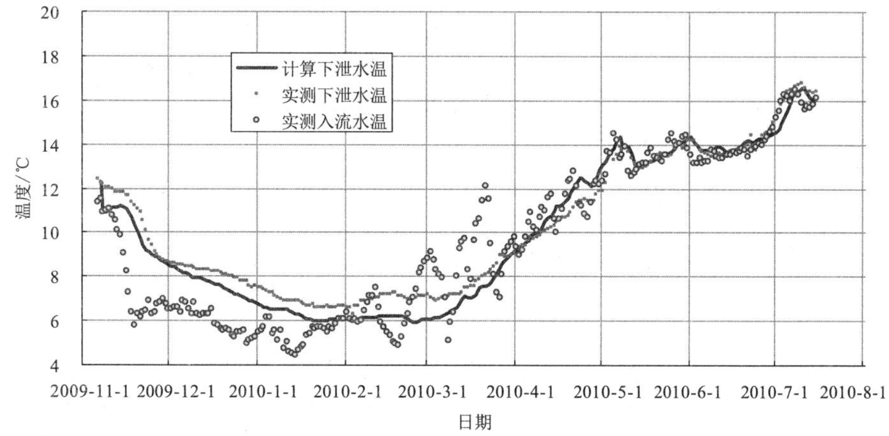

图8 2009年11月6日—2010年7月15日紫坪铺下泄水温比较

3 结论

通过对岷江紫坪铺水库水温的原型观测，对河流水温和库区、坝下水温的变化规律进行了分析，采用数值模拟对库区及下泄水温进行了对比研究。结果表明：

（1）岷江上游天然河流水温在枯水期与气象条件高度相关，水温基本位于气温的日变化范围之内，气温等气象条件的剧变引起水温的剧变。

（2）水库调节带来下泄水温的冬季高温现象和春季低温现象。11 月—次年 2 月下泄水温平均比入库水温高 1.7℃，3—4 月下泄水温平均比入库水温低 0.8℃。

（3）库区在冬季分层现象不明显，仅在表层存在一定温差；库区在升温期存在明显的分层现象，存在双温跃层现象。

（4）数值模拟较好地计算了库尾无分层结构到坝前分层结构的发展过程，模拟出在入流、出流和水气界面热交换影响下温跃层的形成和发展。

（5）库区实测水温的分层强度要弱于模拟结果，应是由于水库淤积带来的调节性能降低所致。

（6）进水口附近三维流场效应和水库淤积将引起枯期计算水温比实测水温的系统性偏低。

参考文献

[1] GT Orlob，LG Selna. Temperature variation in deep reservoirs[J]. Journal of the Hydraulics Division，1970，96（2）：391-410.

[2] D R F Harleman. Hydrothermal analysis of lakes and reservoirs[J]. Journal of the Hydraulics Division，1982，108（3）：301-325.

[3] W C Huber，D R F Harleman. temperature prediction in stratified reservoirs[J]. Journal of the Hydraulics Division，1972，98（4）：645-666.

[4] J Imberger，John Patterson，Bob Hebbert，et al. Dynamics of reservoir of medium size[J]. Journal of the Hydraulics Division，1978，104（5）：725-743.

[5] 刘兰芬，陈凯麒，等. 河流水电梯级开发水温累积影响研究 [J]. 中国水利水电科学研究院学报，2007，5（3）：173-180.

[6] 宋策，周孝德，等. 龙羊峡水库水温结构演变及其对下游河道水温影响 [J]. 水科学进展，2011，22（3）：421-428.

[7] 李冰冻，李嘉，李克锋，等. 二滩水库坝前及下泄水体水温分布现场观测与分析 [J]. 水利水电科技进展，2009，29（4）：21-23.

[8] Baohong Lu，Yuee Kang，et al. Field observation of water temperature profiles in large reservoirs with different features[C]. Hydrological Cycle and Water Resources Sustainability in Changing Environments，2011，350：359-368.

[9] 张大发. 水库水温分析及估算 [J]. 水文，1984（1）：19-27.

基于 Delft3d 的水库水温模拟技术研究——以观景口水库为例

杨 智[1] 叶清华[2] 王 成[1] 水 艳[1] 李丽华[1] 苗欣慧[1]

（1. 淮河水资源保护科学研究所，蚌埠 233001；2. Deltares 三角洲研究院，Delft，the Netherlands 177）

摘 要：水库的水温分层通常会改变原有河流水温的季度分布，从而改变库区生物栖息地环境和水生生态系统。同时低温下泄水将给下游工农业及生态系统带来一定的影响。观景口水库位于巴南区西部的长江南岸一级支流五布河上，最大坝高 58.9 m，以城市供水为主，同时兼顾沿线小城镇、农业灌溉及农村人畜用水的综合利用工程。水库总库容 1.52 亿 m^3，多年平均供水量 1.04 亿 m^3。水库建成后将会对库区水温和下游河道的水温产生影响，进而影响整个水生生态系统。采用 Delft3d 软件对库区水温进行模拟。经分析，根据数值模拟结果，观景口水库坝前水温年内垂向分布为分层型。其中水深 0 ～ 20 m 为变温层，20 ～ 35 m 为温跃层，35 m 以下为恒温层。通过采取叠梁门分层取水后根据丰、平、枯水年的预测结果，在五布河流域主要灌溉期 5—8 月平均下泄水温较单层取水提高 5.74℃、6.79℃、9.60℃。采用分层取水可以有效减缓低温水下泄对下游的不利影响。

关键词：水温；三维；预测；研究

1 简介

水库建设通常会呈现坝前水温垂向分层现象。国内外有较多研究表明，水温的变化会影响鱼类的生长、产卵、繁殖和分布 [1-2]，改变河道的生物群落 [3]，影响河道的水生生态系统 [4-5]；低温水灌溉也会对农作物的生长期、产量等造成影响 [6]。因此，在水库建设环境影响评价过程中开展水库水温分层结构研究，针对下泄低温水采取分层取水等措施，对改善下游河道生态环境有着重大意义。

目前，国内外的水库水温研究主要集中在水温实际观测与模型、大坝水温影响、水温环境影响、水温调控措施等方面。国外对水库水温研究经历了 3 个发展阶段，包括 20 世纪 30 年代初的水温监测、20 世纪 40—50 年代的水温影响因素及坝工温度场计算、20 世纪 60—70 年代至今的水温数学模型及分层取水设计。我国的水库水温研究以工程设计

作者简介：杨智，男，教授级高级工程师，主要研究方向为水资源保护。E-mail: smartd@hrc.gov.cn。

和管理的需要为目的，重点集中于水库水温的实际观测与模拟计算方法：20 世纪 50—60 年代在对一些水库的水温特性观测和分析中，得到了一些成果，并类比到其他水库；70 年代根据国内外许多水库的实际水温观测数据，总结了很多适用性不同的水库水温经验估算公式；80 年代以后，不断吸收国外水温数学模型的先进成果和经验，并将其发展应用于我国的许多工程实践中。目前在水电工程的设计中都开始重视水温的模拟计算问题，并开展了减缓低温水对环境的不利影响的工程措施研究。国内提出的经验性水温估算方法，其中具有代表性的几种经验公式是：①东北勘测设计院张大发方法[7]（以下简称东勘院法）；②水利水电科学研究院朱伯芳法[8]；③统计分析方法[9]等。

拟建的观景口水库将改变水库水体水温，由取水等活动不可避免地会对下游河道的水温产生影响，进而影响整个水生生态系统。因此，预测水库建设成库后的水温分布情况并根据预测结果采取相应的措施对保护下游生态系统具有重要意义。

2 研究区域和工程

2.1 研究区域概况

五布河发源于重庆市綦江区金子山，流经巴南区于木洞镇入长江，主河道长 81 km，河道总落差 597 m，流域总面积 856 km^2，多年平均径流总量为 4.30 亿 m^3，多年平均流量为 13.63 m^3/s。水系图见图 1。观景口水库选定坝址位于五布河干流的东泉镇双胜场，地理坐标为 106°52′E、29°27′N，坝址以上流域面积 439 km^2、主河道长 59.0 km。五布河流域位于亚热带湿润季风气候区，根据巴南气象站统计，1971—2010 年多年平均气温 18.3℃，极端最高气温 42.3℃，极端最低气温 -1.8℃，多年平均日照数 1 134 h，多年平均相对湿度 81%，多年平均水面蒸发量 702 mm。流域多年平均降水量 1 104 mm，但年内分配不均，汛期 5—9 月占全年的 67.0%，最大年降水量 1 487 mm（1998 年），最小年降水量 892 mm（1966 年）。五布河属山溪小河，集雨面积小、河长短、比降大，具有山溪河流陡涨陡落的特点。

2.2 工程概况

观景口水库是一座大（二）型水库，兴利库容 1.19 亿 m^3，总库容 1.52 亿 m^3。根据工程任务确定的水库特征水位为：正常蓄水位 281 m，汛限水位 281 m，死水位 254 m，水库多年平均水位为 276.18 m。

输水建筑物采用岸塔式进水口，拟建叠梁门式分层取水结构，布置在枢纽的左岸岸坡，距坝头距离约为 400 m。输水工程设计输水流量 4.76 m^3/s，加大输水流量 5.76 m^3/s。

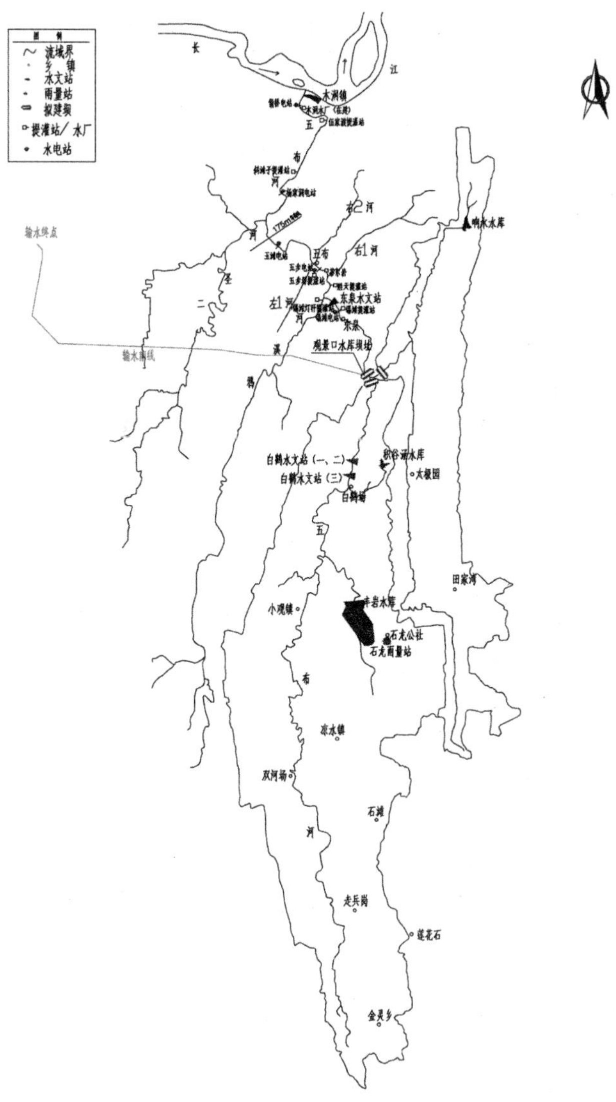

图 1　五布河流域水系

3　研究方法

3.1　经验公式法

水库水温分层状况与水深、水库运行方式和水体交换的频繁程度、径流总量及洪水规模紧密相关。水库水温结构判别采用《水利水电工程水文计算规范》和《水利水电建设项目河道生态用水、低温水和过鱼设施环境影响评价技术指南（试行）》中的 α-β 法判别公式，有两个判别指标：

$$\alpha = 多年平均径流量/总库容$$

$$\beta = 一次洪水量/总库容$$

表 1 水库水温分层及稳定状况判别指标

水温分层状况判别	$\alpha \leqslant 10$	$10 < \alpha < 20$	$\alpha \geqslant 20$
	分层型	可能属分层型，也可能属混合型	属混合型
水温分层状况稳定性判别	$\beta \leqslant 0.5$	$0.5 < \beta < 1.0$	$\beta \geqslant 1.0$
	属稳定型分层水温	可能属"稳定型水温分层"，也可能是"临时混合型水温"	临时型混合型水温

观景口水库总库容 1.52 亿 m^3；水库坝址处多年均天然径流量为 2.34 亿 m^3；观景口水库 100 年一遇 3 天洪量为 7 650 万 m^3。计算结果：α=1.539，β_{100}=0.503。对照 α、β 判别指标，水库水温呈分层型；在遭遇 100 年一遇洪水时，水库水温可能为稳定分层状态，也可能出现临时混合型水温。

3.2 Delft3d 数值模拟法

采用荷兰三角洲研究院（Deltares）开发的 DELFT3DFLOW 软件包，计算范围的确定考虑工程、资料及研究目的等因素。计算区域东西长约 6 km，南北宽约 12 km。利用中科院空间地理数据库查找到的水库区域 30 m×30 m 分辨率的 DEM（http://www.gscloud.cn）。用 ArcGIS 处理后输入 Rgfgrid，采用 Rgfgrid 程序生成正交曲线网格。网格的疏密根据需要确定，主要部位及工程邻近区域网格布置较密，非主要部位相对较疏。最小网格间距约 15 m，最大网格间距约 300 m。最大网格数为 164×8 个。网格示意见图 2。网格确定后，利用 Delft3d 中的 Qickin 模块通过平均高程法确定每个网格中的地形高程。入流为上游芦沟和五步两个支流，出流设计方案布置在坝前左岸，见图 3。经试算调整后，采用曼宁糙率系数 0.018。横向黏滞度和扩散系数分别采用推荐值 1 m^2/s 和 10 m^2/s。纵向黏滞度和扩散系数由 Delft3d 根据传输方程的能量项自动计算（k-Epsilon 方法）而得（范围为 10^{-7} ～ 0.01 m^2/s）。主要水动力学方程如下：

$$\frac{\partial u}{\partial t}+\frac{u}{\sqrt{G_{\xi\xi}}}\frac{\partial u}{\partial \xi}+\frac{v}{\sqrt{G_{\eta\eta}}}\frac{\partial u}{\partial \eta}+\frac{w}{d+\zeta}\frac{\partial u}{\partial \sigma}-\frac{v^2}{\sqrt{G_{\xi\xi}}\sqrt{G_{\eta\eta}}}\frac{\partial\sqrt{G_{\eta\eta}}}{\partial \xi}+$$

$$\frac{uv}{\sqrt{G_{\xi\xi}}\sqrt{G_{\eta\eta}}}\frac{\partial\sqrt{G_{\xi\xi}}}{\partial \eta}-fv=-\frac{1}{\rho_o\sqrt{G_{\xi\xi}}}P_{\varepsilon}+F_{\varepsilon}+\frac{1}{(d+\zeta)^2}\frac{\partial}{\partial \sigma}\left(vV\frac{\partial u}{\partial \sigma}\right)+M_{\varepsilon}$$

$$\frac{\partial v}{\partial t}+\frac{u}{\sqrt{G_{\xi\xi}}}\frac{\partial v}{\partial \xi}+\frac{v}{\sqrt{G_{\eta\eta}}}\frac{\partial v}{\partial \eta}+\frac{w}{d+\zeta}\frac{\partial v}{\partial \sigma}+\frac{uv}{\sqrt{G_{\xi\xi}}\sqrt{G_{\eta\eta}}}\frac{\partial\sqrt{G_{\eta\eta}}}{\partial \varepsilon}+$$

$$\frac{u^2}{\sqrt{G_{\xi\xi}}\sqrt{G_{\eta\eta}}}\frac{\partial\sqrt{G_{\xi\xi}}}{\partial \eta}+fu=-\frac{1}{\rho_o\sqrt{G_{\eta\eta}}}P_{\eta}+F_{\eta}+$$

$$\frac{1}{(d+\zeta)^2}\frac{\partial}{\partial \sigma}\left(vV\frac{\partial v}{\partial \sigma}\right)+M_{\eta}$$

传输方程：

$$\frac{\partial(d+\zeta)c}{\partial t}+\frac{1}{\sqrt{G_{\xi\xi}}\sqrt{G_{\eta\eta}}}\left\{\frac{\partial\left[\sqrt{G_{\eta\eta}}(d+\zeta)uc\right]}{\partial \xi}+\frac{\partial\left[\sqrt{G_{\xi\xi}}(d+\zeta)vc\right]}{\partial \eta}\right\}+\frac{\partial wc}{\partial \sigma}=$$

$$\frac{d+\zeta}{\sqrt{G_{\xi\xi}}\sqrt{G_{\eta\eta}}}\left\{\frac{\partial}{\partial\xi}\left(D_H\frac{\sqrt{G_{\eta\eta}}}{\sqrt{G_{\xi\xi}}}\frac{\partial c}{\partial\xi}\right)+\frac{\partial}{\partial\eta}\left(D_H\frac{\sqrt{G_{\xi\xi}}}{\sqrt{G_{\eta\eta}}}\frac{\partial c}{\partial\eta}\right)\right\}+$$

$$\frac{1}{d+\zeta}\frac{\partial}{\partial\sigma}\left(D_V\frac{\partial c}{\partial\sigma}\right)-\lambda_d(d+\zeta)c+S$$

式中：ξ，η，ω——平面曲线坐标；

ζ——水位；

d——水深；

$\sqrt{G_{\xi\xi}}$——ξ 方向上的坐标变换系数；

$\sqrt{G_{\eta\eta}}$——η 方向上的坐标变换系数；

u——ξ 方向上流速；

v——η 方向上流速；

w——ω 方向上流速；

ρ——水的密度；

v——η 方向上流速；

P_ξ——ξ 方向静水压力；

P_η——η 方向静水压力；

f——科氏力系数；

F_ξ——ξ 方向的紊动矩通量；

F_η——η 方向的紊动矩通量；

M_ξ——ξ 方向的能量变化；

M_η——η 方向的能量变化量；

V——纵向黏滞度系数。

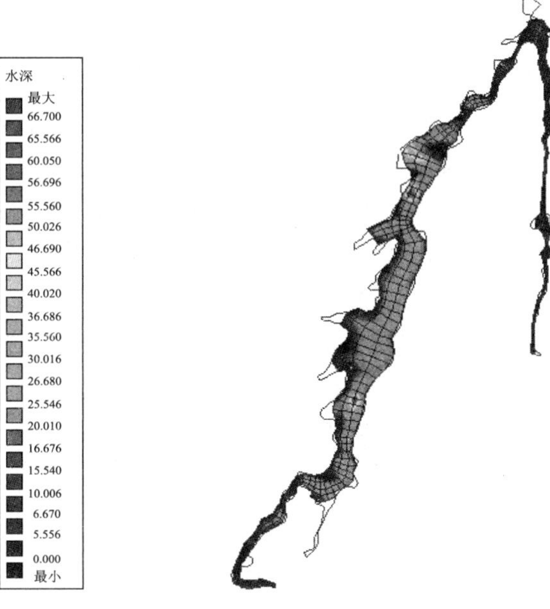

图 2　概化网格和水深示意

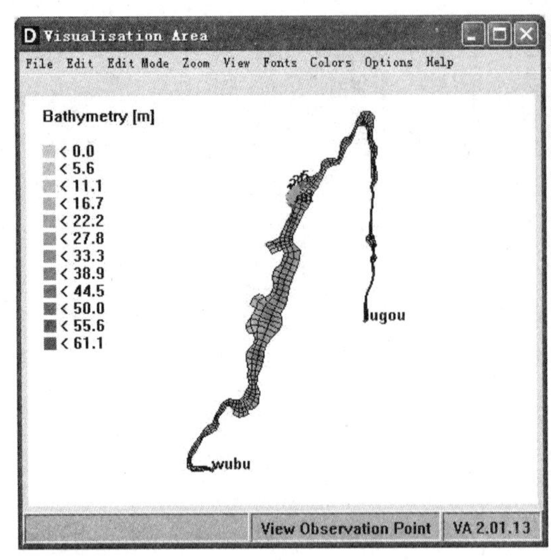

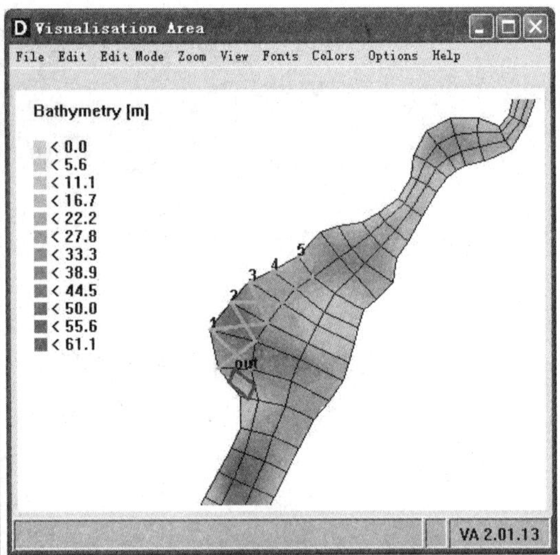

图 3 出入流设置示意

根据观景口水库可研方案中的水文调算结果依照库容曲线确定丰、平、枯水年年初蓄水水位。初始水温根据收集到的重庆开县鲤鱼塘水库 1 月水温观测结果确定，设为 10℃。观景口水库入库流量按上游芦沟和五布两个支流面积比例将坝址处流量调节结果（丰、平、枯三个年型）分配给两个支流作为入库流量。用巴南气象站观测到的系列平均气温资料作为 Delft3d 中热交换模型的背景气温。根据资料收集情况，确定用外部温度模式（excess temperature）进行计算，该模块只需要提供气温和水面面积数据即可进行估算。

表 2 巴南气象站 1971—2010 年平均气温

月份	1	2	3	4	5	6	7	8	9	10	11	12
平均气温 /℃	8.0	9.7	13.8	18.6	22.4	25.1	28.2	28.4	23.7	18.7	14.1	9.4

根据建立的模型模拟坝前水温垂向分布，用 Delft3d 中的 z-layer 模式将水库垂向分为 19 层。假定工程未设置表层取水设施，设为“单层取水方案”，在出流设置中设坝址处出水从 246 m 高程出流。工程实际拟采用 4 m×8 层的叠梁门分层取水方案，门顶最小淹没深度为 3 m，取水库表层水，设为“分层取水方案”，取水水温根据叠梁门的工程运行和模拟水位变化，通过在 Delft3d 中的 operation 设为根据水位变化分别设在不同的层取水。

由于五布河上游、下游均无历史水温关键资料，模拟过程中收集了重庆开县鲤鱼塘水库温度观测资料。鲤鱼塘水库工程位于重庆市开县境内，长江支流小江的二级支流桃溪河的上游。水库枢纽至开县县城 47 km，距重庆市约 350 km。坝址以上流域面积 235.8 km^2，多年平均年径流量 1.66 亿 m^3，多年平均流量 5.28 m^3/s。水库正常蓄水位 450 m，总库容 1.024 亿 m^3，属于多年调节水库。用鲤鱼塘水库库表水温观测结果对观景口水库坝前库表水温进行验证，见图 4。预测结果和实测水温较为接近，表明水温预测参数选取合理。

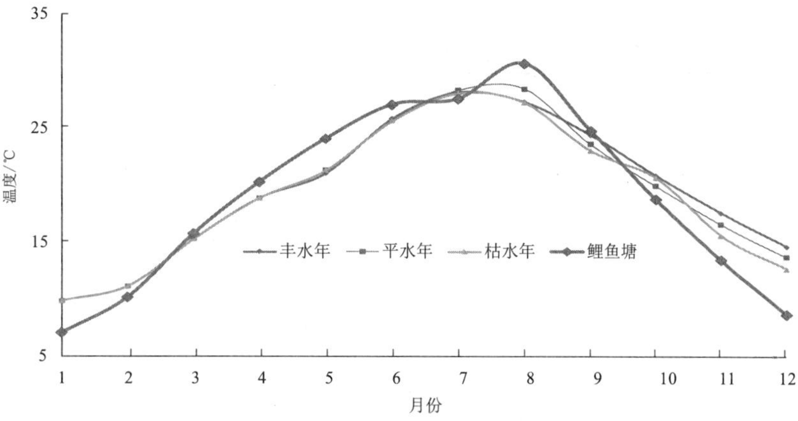

图 4 观景口水库表层水温模拟和鲤鱼塘水库库表实测比较示意

4 水温模拟结果分析

4.1 分层取水模拟结果

根据数值模拟结果，观景口水库坝前水温年内垂向分布为分层型。其中水深 0 ~ 20 m 为变温层，20 ~ 35 m 为温跃层，35 m 以下为恒温层。坝前水库水温预测模拟见图 5 至图 7。

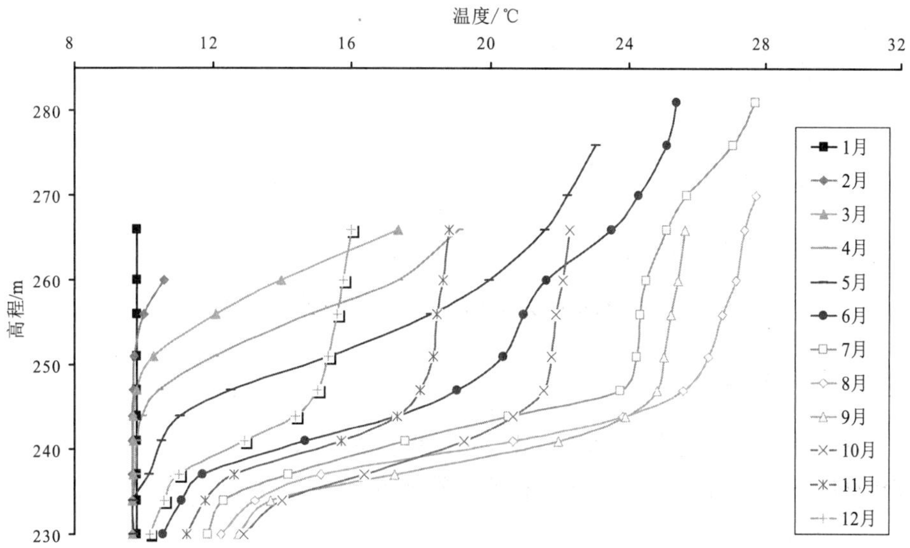

图 5 丰水年坝前水温垂向分布预测模拟结果

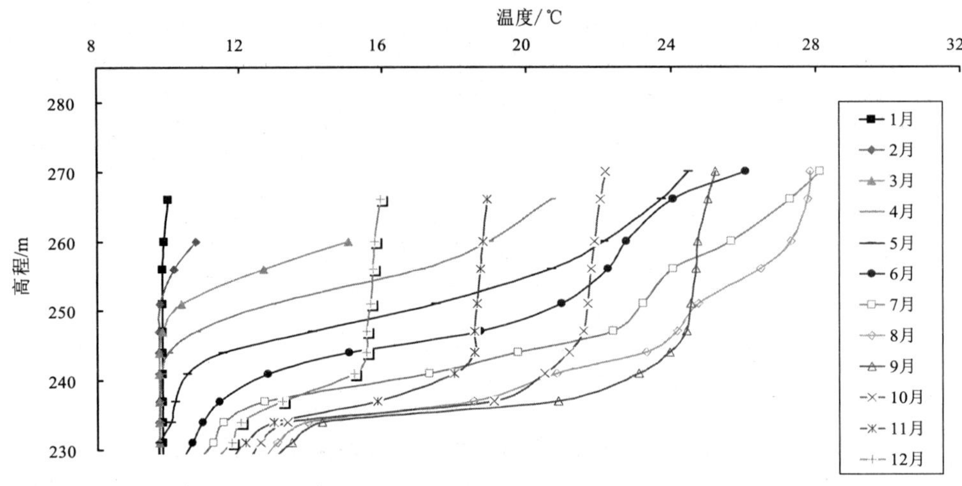

图6 平水年坝前水温垂向分布预测模拟结果

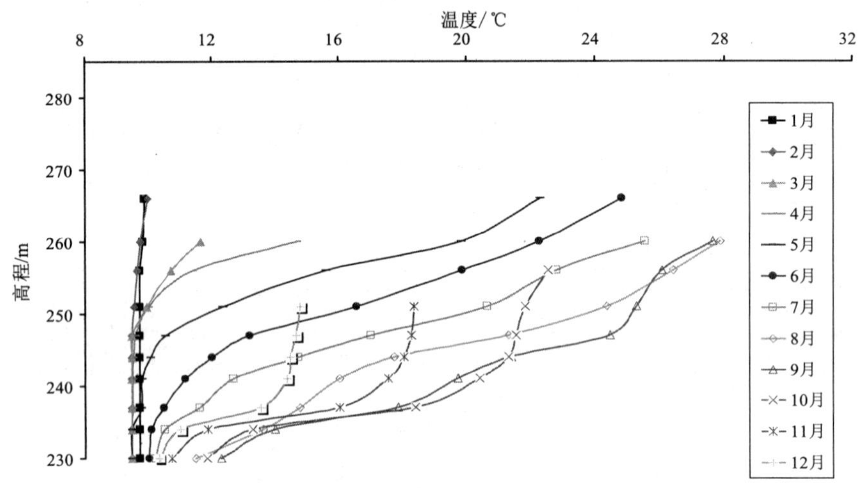

图7 枯水年坝前水温垂向分布预测模拟结果

4.2 分层取水效果分析

拟建的取水口为表层取水，取水温度和模拟预测表层水温一致。未设置分层取水时，拟从高程 246 m 处取水。用丰、平、枯水年模拟预测的未分层取水处水温和分层取水处水温进行比较，见图 8。

根据模拟分析，工程拟采用叠梁门分层取水方案。根据丰、平、枯水年的预测结果，在五布河流域灌溉期 5—8 月平均下泄水温较单层取水提高 5.74℃、6.79℃、9.60℃。

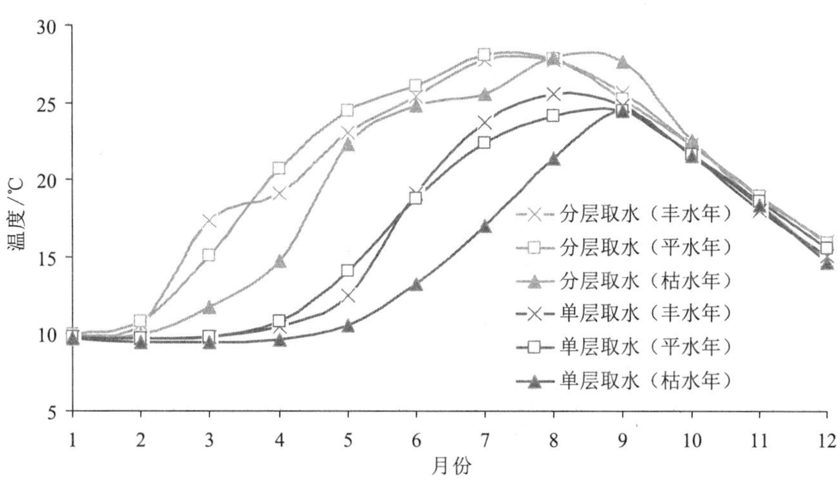

图 8　分层取水和单层取水水温预测模拟结果对比

5　结论和建议

根据经验公式计算，观景口水库水温结构为分层型。按照 Delft3d 三维水动力—水温耦合数值模型模拟结果，观景口水库未采取分层取水措施情况下，单层取水和天然河道水温相比偏低。在丰、平、枯水年条件下，水库单层取水方案下泄水温月均最大值分别为 25.59℃（8 月）、24.43℃（9 月）、24.47℃（9 月）；月均最小值分别为 9.69℃、9.71℃、9.48℃，均出现在 2 月；在五布河流域主要灌溉期 5—8 月，下泄水温较河道天然水温低，特别是枯水年，最大降低约 10℃。经采取叠梁门方式分层取水后，根据丰、平、枯水年的预测结果，在五布河流域主要灌溉期 5—8 月，平均下泄水温较单层取水提高 5.74℃、6.79℃、9.60℃。采用分层取水可以有效减缓低温水下泄对下游的不利影响。

本次模拟选择的 Delft3d 的 z-model 模式根据高程固定分层，分别考虑到干湿变化，能够叠梁门的定高程的情况。不足之处是由于条件所限，未能收集更多资料开展模拟工作。未来在开展长期水温、水文和气象观测的基础上可进一步提高和完善。

参考文献

[1]　张陆良，孙大东 . 高坝大水库下泄水水温影响及减缓措施初探 [J]. 水电站设计，2009（1）：76-78.

[2]　Ferguson R G. The preferred temperature of fish and their midsummer distribution in temperate lakes and streams[J]. Journal of the Fisheries Research Board of Canada，1958，15（4）：607-624.

[3]　Jonsson N. Influence of water flow，water temperature and light on fish migration in rivers[J].

Nordic Journal of Freshwater Research，1991（66）：20-35

[4] 黄丽华，程璜鑫 . 观音堂库区水温变化对水生态环境影响的分析 [J]. 湖南环境生物职业技术学院学报，2004（4）：316-319.

[5] 娄云，杨智，水艳 . 安徽白莲崖水库库区水温结构及影响分析 [J]. 治淮，2011（12）：101.

[6] 鲍其钢，乔光建 . 水库水温分层对农业灌溉影响机理分析 [J]. 南水北调与水利科技，2011（2）：69-72.

[7] 张大发 . 水库水温分析及估算 [J]. 水文，1984（1）：19-27.

[8] 朱伯芳 . 库水温度估算 [J]. 水利学报，1985（2）：12-21.

[9] 岳耀真，赵在望 . 水库坝前水温统计分析 [J]. 水利水电技术，1997（3）：2-7.

水库水温数学模型的适用性研究

邱进生[1]　邓　云[2]　颜剑波[1]　脱友才[2]　梁瑞峰[2]
（1. 中国电建集团中南勘测设计研究院有限公司，410014；2. 四川大学水力学与山区河流开发保护国家重点实验室，610065）

摘　要：利用水库水温数学模型掌握水库的水温分层规律及下泄水温过程，是工程环境影响预测和水库水质管理的重要手段。水库水温预测数学模型较多，国内对水库水温预测模型的应用大多数是单个模型在个案中的研究，不同模型的适用性的比较研究很少。选择了现有5种较为常用的水库水温预测数学模型，包括垂向一维模型、立面二维模型WWL和CE-QUAL-W2，以及三维模型MIKE3和EFDC，利用典型湖泊型水库东江和河道型水库三板溪的实测资料，对模型进行对比验证和参数率定，根据计算结果，并结合模型的简化假定、紊流模式和数值计算方法，探讨了各模型的适用性和局限性，并对不同类型的水库推荐了适宜的水库水温预测方法。

关键词：水库水温模型；模型参数；适用性

1　前言

水库筑坝蓄水调节径流的同时也改变了河道的水温情势，对库区及下游农田灌溉、鱼类生长繁殖等都会产生不利影响，准确预测水库水温结构及其对下游的影响是工程环境影响评价的重要内容。水库水温数学模型预测方法是基于物理机制建立描述水体流动和水流传热的数学物理方程，利用数值计算方法来模拟水库水温结构与下泄水温过程。水库水温模型研究最早始于20世纪60年代的美国[1]，经历了垂向一维、立面二维、三维的发展过程。

最早的垂向一维水温模型为WRE模型[2-3]和MIT模型[4-5]，模型中考虑了水库入流、出流及水面热量交换，之后增加了风力掺混的修正形成了混合层模型[6-7]，混合层模型在冷却水系统和水库水质模拟等方面得到了较多的应用[8-9]，DYRESM模型[10]是一个更完

作者简介：邱进生（1964—），男，江西抚州人，教授级高工，本科，主要研究方向为水电水利工程环境保护。E-mail:139630502@qq.com。
通讯作者：邓云（1972—），女，四川蓬溪人，研究员，博士，主要研究方向为环境与生态水利。E-mail:dengyun@scu.edu.cn。

善适合于中小型水库的模型。我国最早的水温模型为“湖温一号”[11]，主要用于模拟和预报作为热电厂冷却水源的深水库、深湖泊及冷却池的水温分布，也可用于无热负荷的深水库和深水湖泊的水温分布模拟与预报。李怀恩[12]提出一个包括入库泥沙影响的水库垂向水温预测模型。杨传智[13]、李勇等[14]利用垂向一维模型对龙滩水库蓄水后水温和水质进行预测。陈永灿[15]建立适用于密云水库的垂向一维水温模型对水温进行预测，以实测资料率定了模型参数，并较好地模拟出密云水库的水温变化规律及影响要素。

立面二维模型可以较好地模拟纵垂向温差浮力流的运动与水温分层形成发展过程，适用于河道相对狭长的水库水温的模拟。CE-QUAL-W2 是美国陆军工程兵团开发的河道纵垂向二维水动力学水温水质模型，国内外均得到广泛应用[16-20]。邓熙[16]运用 CE-QUAL-W2 建立了流溪河水库二维水动力学和水质模型，水位、水温和溶解氧的模型计算值与实测值吻合较好。李艳[17-18]利用 CE-QUAL-W2 模型，运用库区实测资料进行了模型参数（光遮蔽系数和风遮蔽系数）的率定，库区水温的模拟结果和实测值吻合良好。Gregory E Norton[19]等关注 Speed River 的水温增加的问题，运用了 CE-QUAL-W2 模型，发现气温和相对湿度是最敏感的两个参数。邓云等[21-25]建立了适用于大型深水库的宽度平均立面二维水温模型，采用了浮力修正的 k-ω 模型，得到了水库物理模型、二滩水库、丰满水库水温实测资料的良好验证[21-22]，并已运用于紫坪铺水库、金沙江中下游梯级水库、雅砻江梯级电站等水温影响预测研究中[23-25]。

近年来，三维水库水温数学模型也开始得到应用，目前应用较多的软件有美国的 EFDC、丹麦的 MIKE3 和荷兰的 Delft3d 等。国内刘畅[26]、刘兰芬[27]、张士杰[28]等利用 MIKE3 分别对万家寨水库、漫湾水库及二滩水库库区水温进行了模拟计算。龙国庆[29]、李兰[30]、高学平[31]等利用 EFDC 分别对二滩水库、漫湾水库、糯扎渡水库的库区水温进行了模拟计算，取得了较好的效果。

本次研究将针对典型河道型水库（三板溪）和湖泊型水库（东江）开展不同模型对比研究，对模型参数进行率定和敏感度分析，并对模型进行验证，分析各模型的适用性和局限性，并对不同类型的水库推荐适宜的水库水温预测方法。

2 工程概况

2.1 东江水库（湖泊型）

东江水电站位于湖南资兴县境内耒水流域上游，库区属亚热带季风气候区，多年平均气温 17.1℃。坝址控制流域面积 4 719 km^2，多年平均流量 144 m^3/s，年平均径流总量 45.4 亿 m^3，水库正常蓄水位 285 m，总库容 81.2 亿 m^3，具有多年调节能力，年库水替换次数为 0.56，为稳定分层型水库。从 2007 年 4 月 12 日—12 月 31 日进行了坝前和下泄水温观测，以此开展模型验证，相关计算边界见图 1。

2.2 三板溪水库（河道型）

三板溪水电站位于沅水干流上游河段的清水江中下游，所处流域属亚热带季风气候

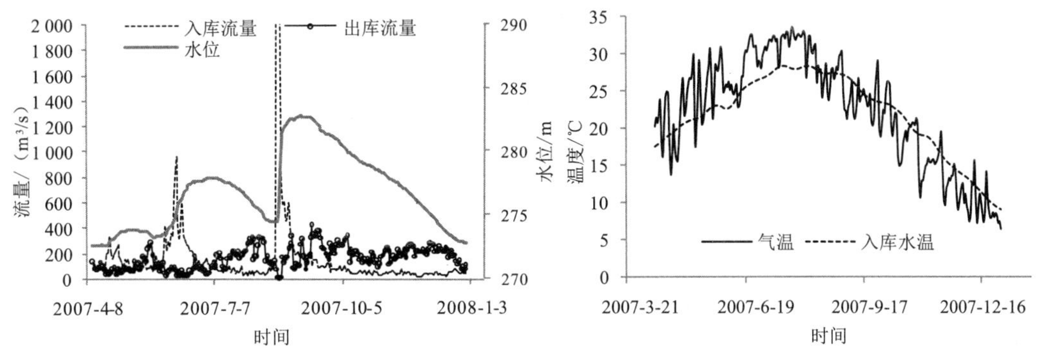

图 1　东江水库计算边界条件

区，库区多年平均气温 15.6 ～ 16.7℃。坝址控制流域面积 11 050 km^2，多年平均年径流量约 75.69 亿 m^3。水库正常水位 475.00 m，相应库容 37.48 亿 m^3，最大坝高 185.5 m，具有多年调节能力，年库水替换次数为 2.0，为稳定分层型水库。2013 年 5 月 5 日—2014 年 9 月 2 日进行了坝前和下泄水温观测，以此开展模型验证，相关计算边界见图 2。

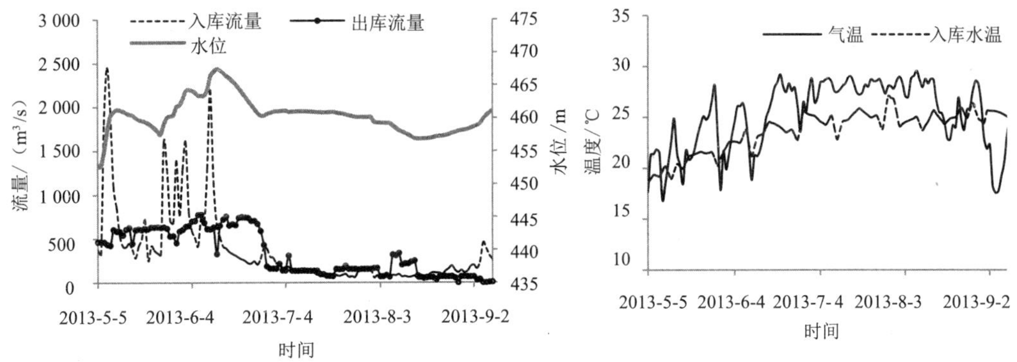

图 2　三板溪水库计算边界条件

3　垂向一维模型水温模型及适用性分析

垂向一维水温模型假定水温只在垂向上存在变化，在同一水平层温度相同。因此，模型中把水体沿垂向上划分为一系列的水平薄层，忽略水平薄层中温度的变化，且热交换只沿垂向进行，且同一水平面的温度均匀分布，可对任一水平薄层写出其热量守恒方程。从高程 z 处取一厚度无限小的水平单元水层，进行热量平衡分析。垂向一维模型考虑了水面热交换、入流、出流、热扩散、热对流等影响因素。

3.1　模型计算结果

图 3 比较了东江水库不同月份坝前垂向水温的实测值与计算值，可见模型较好地模拟出湖泊型水库坝前水温的分布特征，其表温层、温跃层、滞温层的厚度基本与实测值一致。图 4 比较了东江水库在整个计算期间下泄水温的实测值与计算值，可见在 4—7 月，

计算值与实测值吻合得非常好，8—12 月计算值稍高于实测值，平均误差为 0.3℃。对于湖泊型水库，全库区水温基本都符合水平面水温均匀的假定，忽略纵向变化不会带来很大的误差，同时由于流动弱，从而出流、入流对温度场的扰动小，流场假定带来的误差较小。因此，垂向一维模型在东江水库验证中精度较高，适应性强。

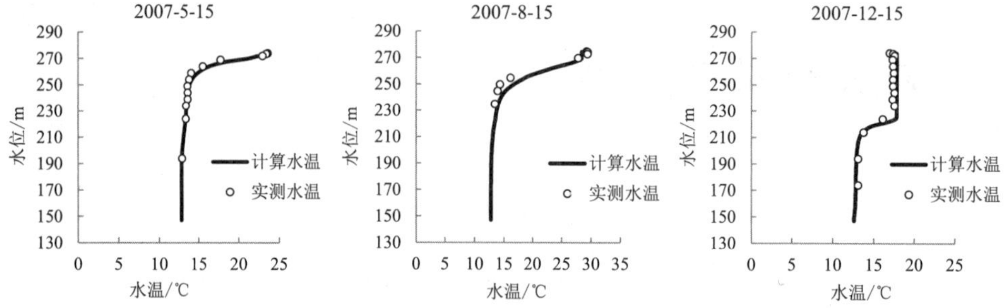

图 3　东江水库坝前垂向水温实测值与计算值对比

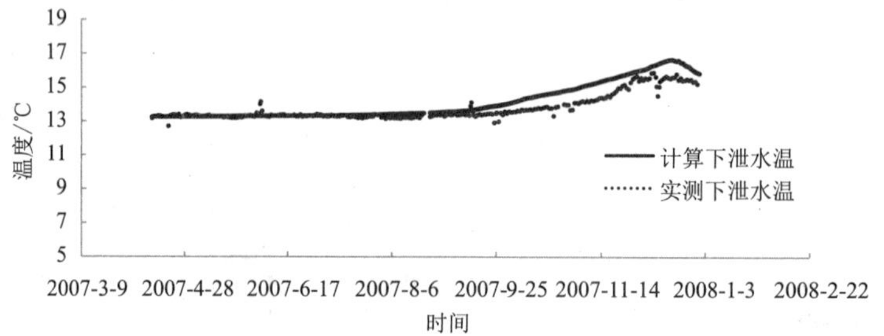

图 4　东江水库下泄水温实测值与计算值对比

3.2　模型主要参数设置及敏感性分析

在模型计算中，表面热通量的计算是表层水温计算的关键，垂向紊动扩散的计算是垂向水温结构模拟的关键。因此，需要率定的参数主要为表面热通量相关的参数以及垂向紊动扩散系数。太阳辐射水体表面吸收率 β 主要影响水体表层水温，建议取值范围为 0.4 ～ 0.7。太阳辐射在水体中的衰减系数 η 主要反映太阳辐射影响水体的厚度，也跟水体的色度和浊度相关，取值范围为 0 ～ 1 m^{-1}。垂向扩散系数直接影响垂向水温结构，垂向扩散系数增大，加速了垂向上热量和动量的传递，中下层水体温度升高，对中下层水体影响较大，实际计算时应进行率定。在本次东江水库的水温计算中，经过参数率定后 β 取 0.7，η 取 0.35 m^{-1}，垂向扩散系数取 3.0×10^{-6} m^2/s。

3.3　模型适用性分析

垂向一维模型边界条件相对简单，计算比较快速稳定。在模型计算中，表面热通量直接影响表层水温值，垂向紊动扩散的计算是垂向水温结构模拟的关键，垂向扩散系数与流场分布、温度梯度、风速、泥沙等因素相关，目前还没有通用的取值方法，更多采用的是经验公式或实测资料的率定成果，其取值同样也会对垂向水温结构的模拟造成一定的误差。

垂向一维模型对于湖泊型水库具有很好的适用性，能较好地模拟其坝前垂向水温分层结构，整体上模型能够模拟出下泄水温的变化趋势，但是由于忽略了纵向上的变化、简化的流场计算以及水位剧烈变化时的紊动，在对回水长度上有较明显纵向分布的水库，以及入库、出库流量较大（调节性能较弱）的水库，这些假定和简化均会带来较大的误差。因此，垂向一维模型更适合于流量相对较小的、回水较短的湖泊型水库。

4 立面二维模型模型验证及适用性分析

WWL（West Water-Lateral）是四川大学开发的宽度平均立面二维水温分析系统，采用 k-ε 双方程紊流模式，考虑温差浮力对垂向动量方程的影响，模型采用矩形网格。

CE-QUAL-W2 是由美国陆军工程兵团水道实验站（WES）开发的宽度平均的立面二维水动力学和水质模型。模型垂向的动量方程进行了简化处理，忽略了时变加速度项、位变加速度项和湍流剪应力项，采用静水压力假定，模型提供了 6 种垂向涡流黏滞系数计算公式用于模拟不同特征水域，本次采用了其推荐的 W2N 公式（零方程紊流模式），模型采用矩形网格。

4.1 模型计算结果

图 5 比较了 WWL 模型和 CE-QUAL-W2 模型得到的三板溪水库坝前垂向水温计算值和实测值，可看出 5—8 月的升温期由于受太阳辐射和入库水温的共同影响，库区水温分层逐渐显著，预测成果在表温层、斜温层和底部低温层的厚度与位置方面都与实测值基本吻合，说明模型能很好地模拟出库区浮力流动与大气热交换对稳定分层水库的分层结构变化的影响。WWL 模型底表层水温均模拟得较好，CE-QUAL-W2 模型计算得到的底层水温略有偏高。

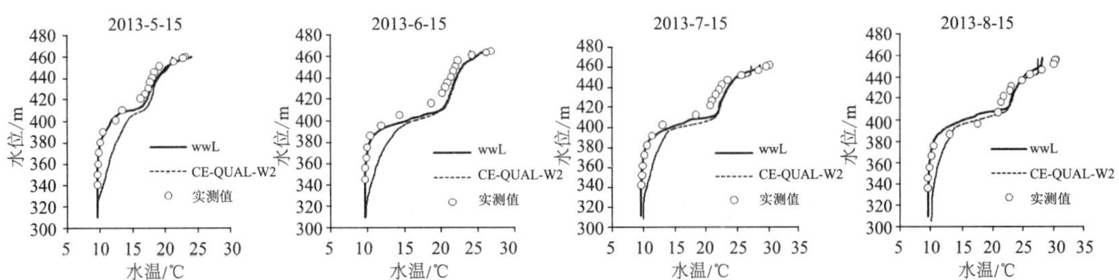

图 5 三板溪水库坝前垂向水温实测值与计算值对比

图 6 比较了 WWL 模型和 CE-QUAL-W2 模型计算下泄水温与实测坝下水温及坝址多年平均水温。表明计算得到的下泄水温过程与出库水温过程趋势一致，预测成果与实测值都表现出较高的精度，WWL 模型和 CE-QUAL-W2 模型误差均在 0.3℃以内。

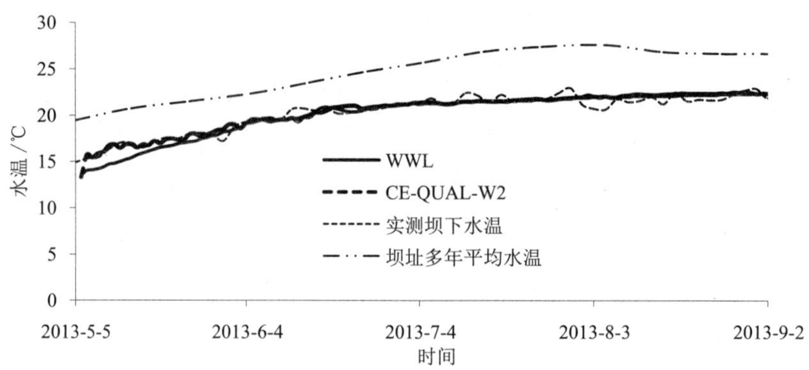

图 6　下泄水温实测值与计算值对比

4.2　模型主要参数设置及敏感性分析

WWL 模型设计的参数主要为热通量的参数——太阳辐射表面吸收系数 β 和太阳辐射在水体中的衰减系数 η，一般 β 的取值范围为 0.4 ～ 0.7，η 为 0 ～ 1 m^{-1}，文中分别取为 0.6 和 0.45。CE-QUAL-W2 模型中需要重点率定的参数有风遮蔽系数和动态光遮蔽系数。动态光遮蔽系数考虑的是植被和地形对太阳辐射的遮蔽，直接影响水体表层的温度。风遮蔽系数（Wind-Sheltering Coefficient，WSC）用于修正测点风速与库区实际风速的差异，在山区和 / 或植被茂盛的地区，风遮蔽系数取 0.5 ～ 0.9；而在地形开阔地区，风遮蔽系数取 1.0；风遮蔽系数取值超过 1.0，反映了陡峭河岸的漏斗效应。本次研究中动态光遮蔽系数和风遮蔽系数分别取 1.0 和 1.5。

4.3　模型适用性分析

验证结果显示，WWL 模型和 CE-QUAL-W2 模型均适用于长而相对较窄的、在纵向和垂向上存在明显温度变化的分层型水库，对水库垂向水温分层结构和下泄水温过程均有很好的模拟效果。WWL 模型由于采用了精度较高的紊流双方程模式及完整垂向动量方程，对计算网格和计算时长有所限制，计算成本相对增加。CE-QUAL-W2 模型由于模型对垂向动量方程进行了简化，在垂向加速度比较大时，如因降温期冷水下沉或升温期来流快速上浮等存在较大的垂向加速度的情况下，其模拟精度有所降低。模型中对计算结果影响较大的参数有动态光遮蔽系数和风遮蔽系数，二者通过影响水库水气热通量和水体垂向扩散能力而影响库区水温结构，进而影响下泄水温。WWL 模型和 CE-QUAL-W2 模型假定流场、温度场等物理量在宽度方向无变化，因此，流场、水温在平面上的分布情况尚无法模拟，不适用于宽浅型湖泊型水库。

5　三维水温模型验证及适用性分析

MIKE 系列软件由丹麦水力学研究所开发，MIKE3 是三维自由水面流的专业工程软件包，可以用于模拟河流、湖泊、水库、河口和外海的水流、水质及泥沙传输问题。共有 3 种网格结构，分别是单一矩形网格、矩形嵌套网格、非结构化网格。计算中对比采用了单一矩形网格和非结构化网格。

EFDC 最初由美国维吉尼亚海洋研究所的 John Hamrick 等开发，是一个多任务、高集成的环境流体动力学模块式计算程序包，可实现河流、湖泊、水库、湿地、河口、海洋等水系统的模型。EFDC 模型可采用笛卡尔矩形直角网格和曲线正交网格系统。本次计算中采用了曲线正交网格。

5.1 模型计算结果

对于 MIKE3 模型，采用非结构化网格，计算时段为 2013 年 5 月 5 日—8 月 31 日。图 7 显示计算结果坝前垂向水温基本处于同温状态，而实测结果显示三板溪为稳定分层水库，8 月垂向温差超过 19℃，计算与实测结果差异很大。验证情况显示，MIEK3 FM 非结构化网格系统虽然对复杂边界条件和自由水位变化均具有较好的模拟能力，但对垂向分层水域的水温模拟效果差。采用结构化网格，且为了避免垂向网格数过少给计算准确性带来的问题，选取水位变动较小的 2013 年 6 月 25 日—8 月 25 日。图 8 显示计算时段内计算结果与实测结果的垂向水温结构变化趋势基本一致，库底的低温水未受扰动而保持稳定，而取水口以上的区域为流动层，受入库水体及大气热交换的影响，温度分层逐渐加强，模型较好地模拟了这个过程，但斜温层的水温计算值较实测值有所偏高。

对于 EFDC 模型，计算时段为 2013 年 5 月 5 日—6 月 6 日。图 9 显示 EFDC 模型的计算结果在垂向上出现了较大的扩散导致表层水温偏低，而底层水温明显偏高且有显著的增温趋势，至模拟结束，底层水温已升至 15.8℃，比实际情况高出 6.2℃。由此看来，模拟结果并未体现出水温稳定分层的特点，对于水库水温垂向分层现象的模拟效果并不理想。季振刚分析认为，σ 坐标系对处理变化陡峭的地形时，容易产生较大的附加数值耗散，由于水温分层的抑制作用，热量在垂向紊动扩散量小，累积的数值扩散显著加大了垂向扩散，引起水温误差明显。

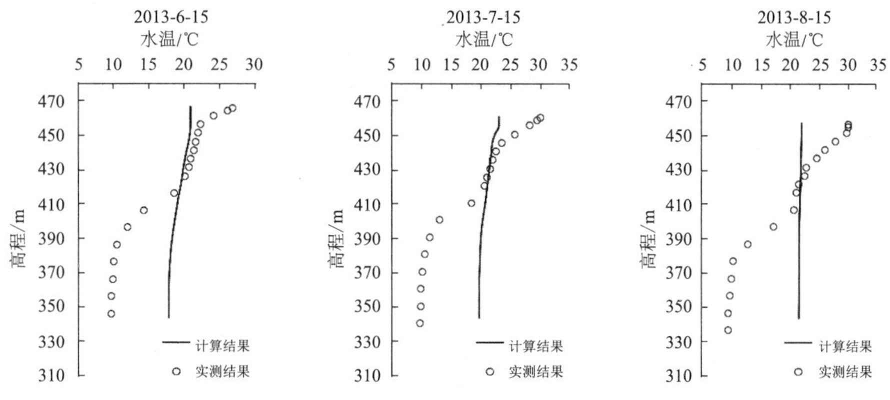

图 7 三板溪水库坝前垂向水温实测值与计算值对比（MIKE3 非结构化网格）

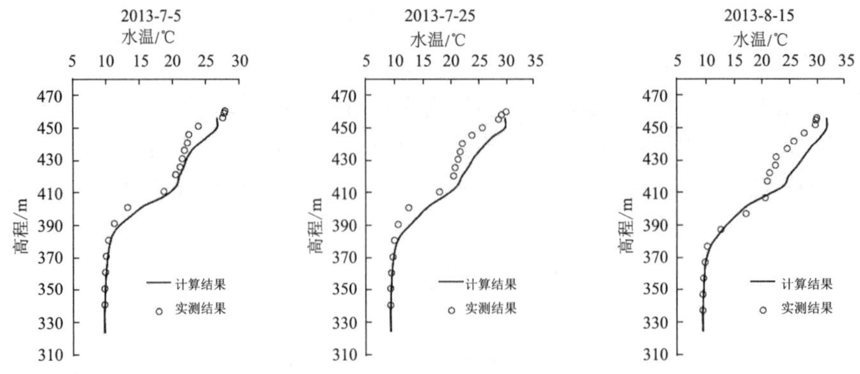

图 8 三板溪水库坝前垂向水温实测值与计算值对比（MIKE3 结构化网格）

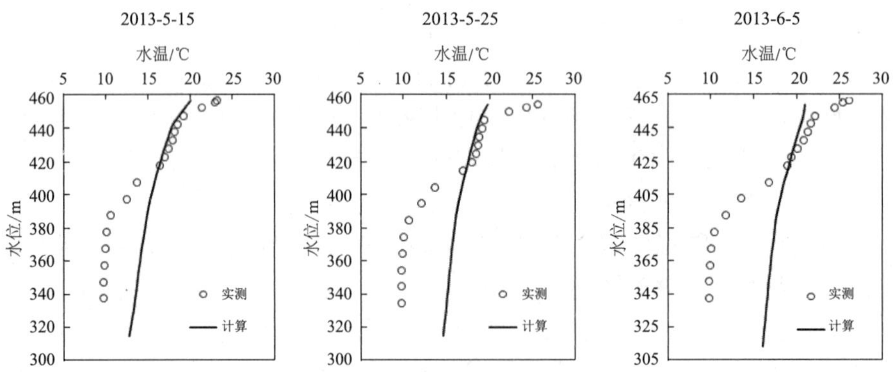

图 9 三板溪水库坝前垂向水温实测值与计算值对比（EFDC，三维）

5.2 模型主要参数设置及敏感性分析

MIKE3 FM 非结构化网格系统中干、湿水深阈值对计算稳定性有较大影响，对于三板溪这种水下地形不规则的水体，适当增大干、湿水深阈值很有必要，经计算把干水深阈值设置为 0.1 m、湿水深阈值为 0.2 m。MIKE3 结构化网格系统中干、湿水深阈值对计算稳定性影响较大，当计算区域内任何一点水深低于干水深阈值，计算便会报错并终止，因此，干水深阈值的取值需要考虑垂向网格尺寸及水位变动范围。Smgorinsky 系数影响流场中涡黏系数的计算，在该系数推荐的取值范围内选用不同的值对温度场的计算并未产生明显影响，最终取值为 0.5。粗糙高度表征河床糙率的大小，由于水库中水体流速小，河床糙率的大小实际对计算结果基本没有影响，本次计算粗糙高度取值为 0.04 m。

EFDC 模型通常需率定的参数包括蒸发传热系数、快速衰减系数（净水消光系数）、慢速衰减系数（TSS 消光系数）、水体表层水最小太阳辐射吸收率。若在水动力学模型中采用干湿水深功能，需设置干网格计算方法（ISDRY 设置）和一定的干水深（HDRY）。ISDRY 推荐设置为 –99，即干网格中水体不参与计算，此选项最有利于计算稳定；HDRY 大小需根据具体模型尺度及模拟区域水深、地形综合判断设置，设置过小模型不易稳定，设置太大则会造成水量损失、模拟失真。

5.3 模型适用性分析

MIKE3 模型在建体过程中对地形资料要求较高，MIKE 需要比较密集的地形散点数据才能生成比较连续、平滑的地形。在网格划分方面，非结构化网格能够拟合复杂边界，但在求解过程中存在较大的数值扩散，导致垂向扩散过于显著，无法模拟出稳定的水温分层结构，更适用于具有复杂边界且垂向分层不明显的浅水水域。结构化网格对复杂边界拟合效果不如非结构化网格，垂向上只能使用单一的网格尺寸，虽然能计算出自由水面，但水位变动只能在表层网格内。结构化网格对存在水温分层水库的模拟效果优于非结构化网格，能模拟出较为稳定的分层垂向水温。故 MIKE3 非结构化网格系统适用于边界复杂的河口、近海或湖泊等尺度较大的，且不关注取水口附近局部流场及密度分层不明显的水域。结构化网格系统可用于边界简单、水位变动不大的水温分层水库的模拟。

EFDC 模型具有灵活的坐标系统，对于有不规则岸线的研究区域，如河口和一些水库，正交曲线网格的使用会使得网格能很好地贴体。同时在垂向上使用 σ 坐标，这样既适应了底部地形的起伏，又能实现自由水面的追踪。同时还可以在模型设定干湿水深使计算更加稳定。然而，在进行三板溪全库区三维模拟时，EFDC 模型对于垂向水温的计算效果难以达到所需要的精度要求，显示出该模型对这一类窄深型水体模拟的不适应性。σ 坐标系的引入容易使斜压梯度力和水平扩散的计算变得复杂，引起较大的计算误差。

6 结论

本文通过对 5 种不同水温模型的方程、紊流模式及数值计算方法几种水温模型的分析，得到了各模型的适用性。垂向一维水温模型尤其是对于湖泊或回水短的湖泊型水库，更加关注坝前垂向水温的分布，适用性强。立面二维模型中的 WWL 模型和 CE-QUAL-W2 模型均适用于长而相对较窄的、在纵向和垂向上存在明显温度变化的分层型水库。WWL 模型由于精度较高的紊流双方程模式及完整垂向动量方程的求解，会影响模型的计算收敛性，并增加计算成本。而 CE-QUAL-W2 模型在使用零方程计算垂向涡黏时，降低了计算成本，但预测精度可能会降低，且垂向动量方程也进行了简化，对有明显垂向对流时期的模拟误差会加大。三维模型对全库区水温的模拟仍存在较大的困难，建议在特别关注水温横向差异的局部区域（如取水口附近、支流汇口等）进行局部范围的三维模拟。MIKE3 非结构化网格系统适用于边界复杂的河口、近海或湖泊等尺度较大的，且不关注取水口附近局部流场及密度分层不明显的水域。结构化网格系统可用于边界简单、水位变动不大的水温分层水库的模拟。σ 坐标系在模拟复杂边界时，易引入附加扩散而导致垂向水温计算误差偏大。

本次研究仅对一个案例进行了模型比较分析，所得结论也是初步有限的，今后需要针对更多不同调节性能和不同自然环境的水库进行对比分析，才能更好地明确模型适用性，并给出参数建议。

参考文献

[1] Raphael J M. Prediction of temperatures in rivers and reservoirs[J]. ASCE Journal of the Power Division，1962，88（2）：157-181.

[2] G T Orlob，L G Selna. Temperature variation in deep reservoirs[J]. Journal of the Hydraulics Division，1970，96（2）：391-410.

[3] G T Orlob. Mathematical modeling of water quality：streams，lakes，and reservoirs，IIASA，1983.

[4] D R F Harleman. Effect of wind-induced mixing on the seasonal thermocline in lakes and reservoirs[J]. Sec. Int. Sym. On Stratified Flows，1980.

[5] D R F Harleman. Hydrothermal Analysis of lakes and reservoirs[J]. Journal of the Hydraulics Division，1982，108（3）：301-325.

[6] H G Stefan，D E Ford. Temperature dynamics in dimictic lakes[J]. Journal of the Hydraulics Division，1975，101（5）：97-114.

[7] D E Ford，HG Stefan. Thermal prediction using intergral energy model[J]. Journal of the Hydraulics Division，1980，106（1）：39-55.

[8] T W Sturm，et al. Lake temperature dynamics in hybrid cooling system[J]. Journal of Environmental Engineering，1983，3（109）：668-684.

[9] Jacques Gaillard. Multilevel withdrawal and water quality[J]. Journal of Environmental Engineering，1984，1（110）.

[10] J Imberger，John Patterson，Bob Hebbert，et al. Dynamics of reservoir of medium size[J]. Journal of the Hydraulics Division，1978，104（5）：725-743.

[11] 范乐年，柳新之 . 湖泊、水库和冷却池水温预报通用模型 [M]. 北京：水利水电出版社，1984.

[12] 李怀恩，沈晋 . 一维垂向水库水温数学模型研究与黑河水库水温预测 [J]. 西安理工大学学报，1990，04：236-243，308.

[13] 杨传智 . 垂向一维水质模型及在龙滩水库的应用 [J]. 水资源保护，1991，03：26-34.

[14] 李勇，王超，彭隆，等 . 龙滩水电站库区蓄水后垂向水温水质分布预测 [J]. 水利水电技术，2004，05：15-18.

[15] 陈永灿，张宝旭，李玉梁 . 密云水库垂向水温模型研究 [J]. 水利学报，1998，09：15-21.

[16] 邓熙 . 流溪河水库二维水动力学和水质模型 (CE-QUAL-W2) 的建立与初步应用 [D]. 广州：暨南大学，2005.

[17] 李艳 . CE-QUAL-W2 在紫坪铺水库的应用及其参数敏感性分析 [J]. 长江流域资源与环境，2011，20（11）：1274-1278.

[18] Gregory E Norton，Andrea Bradford.Comparison of two stream temperature models and evaluation of potential management alternatives for the Speed River, Southern Ontario[J]. Journal of Environmental Management，2009，90（2）：866-878.

[19] Rangel-Peraza J G，Obregon O，Nelson J，et al. Modelling approach for characterizing thermal

stratification and assessing water quality for a large tropical reservoir[J]. Lakes & Reservoirs: Research & Management，2012，17（2）：119-129.

[20] Chung SW，Lee HS，Jung YR. The effect of hydrodynamic flow regimes on the algal bloom in a monomictic reservoir[J]. Water Science & Technology，2008，58（6）：29-37.

[21] 邓云，李嘉，罗麟，等 . 水库温差异重流模型研究 [J]. 水利学报，2003（7）：7-11.

[22] 邓云，李嘉，罗麟 . 河道型深水库的温度分层模拟 [J]. 水动力学研究与进展：A 辑，2004，19（5）：604-609.

[23] 邓云，李嘉，李然，等 . 水库调度对溪洛渡电站下游水温的影响 [J]. 四川大学学报：工程科学版，2006，38（5）：65-69.

[24] 邓云，李嘉，李克锋，等 . 梯级电站水温累积影响研究 [J]. 水科学进展，2008，19（2）：273-279.

[25] 邓云，李嘉，李克锋，等 . 紫坪铺水库水温预测研究 [J]. 水利水电技术，2003（9）：50-52.

[26] 刘畅 . MIKE3 软件在水温结构模拟中的应用研究 [D]. 北京：中国水利水电科学研究院，2004.

[27] 刘兰芬，张士杰，刘畅，等 . 漫湾水电站水库水温分布观测与数学模型计算研究 [J]. 中国水利水电科学研究院学报，2007，02：87-94.

[28] 张士杰，彭文启 . 二滩水库水温结构及其影响因素研究 [J]. 水利学报，2009，10：1254-1258.

[29] 龙国庆，刘召平，梅志宏，等 . 季调节深水大库全库区全年水温结构的模拟验证 [J]. 水利学报，2011，01：33-39.

[30] 李兰，武见 . 梯级水库三维环境流体动力学数值预测和水温分层与累积影响规律研究 [J]. 水动力学研究与进展：A 辑，2010，02：155-164.

[31] 高学平，张少雄，张晨 . 糯扎渡水电站多层进水口下泄水温三维数值模拟 [J]. 水力发电学报，2012，01：195-201，207.

[32] 季振刚 . 水动力学和水质——河流、湖泊及河口数值模拟 [M]. 李建平，冯立成，赵万星，等译 . 北京：海洋出版社，2012.

四、水温计算方法及参数分析

指数函数法主要参数敏感性与水库适用性分析

董　连　张德见　李　璜　颜剑波

（中国电建集团中南勘测设计研究院有限公司，长沙 410116）

摘　要：指数函数法是目前水库水温计算常用的经验公式方法之一，也是相关水温计算规范推荐的方法。选取了不同水温结构的典型代表性水库，结合实测资料分析探讨了主要参数变化对计算结果的影响，在此基础上进行指数函数法主要参数敏感性以及与水库适用性分析。

关键词：水库水温计算；指数函数法；主要参数；敏感性分析

1　前言

水库水温经验公式法是基于统计学理论建立的方法，虽然数值模型法计算精度较高，但在水电水利工程设计实践工作中，经验公式法仍然是水库水温计算的主要方法，其中应用较多的是指数函数法。指数函数法的本质是先求得库表和库底的各月多年平均水温，然后采用指数函数在空间维度上进行插值。本文选择两类不同水温结构的典型代表性水库，并采用两种不同的方法给出库表、库底水温，得出整个水库的水温分布情况，结合实测水温资料进行对比分析，探讨主要参数变化对计算结果的影响，在此基础上进行指数函数法主要参数敏感性以及与水库适用性分析。

2　指数函数法简介

指数函数法计算公式如下：

$$T(y,t)=[T_0(t)-T_b(t)]e^{-(y/x)^n}+T_b(t) \tag{1}$$

$$n=\frac{15}{m^2}+\frac{m^2}{35} \tag{2}$$

作者简介：董连（1987—），女，江苏盐城人，工程师，硕士，主要从事环境影响评价与环境保护工程设计。E-mail:384693044@qq.com。

$$x=\frac{40}{m}+\frac{m^2}{2.37(1+0.1m)} \tag{3}$$

$$T_b=T'_b-K'N \tag{4}$$

式中：$T(y,t)$——库面向下水深 y 处 t 月的多年平均水温，℃；

$T_0(t)$——库表 t 月的多年平均水温，℃；可根据设计水库库区的气温并利用气候条件相似的同类水库的气温 - 库表水温关系求得，也可用已建水库库表水温与纬度的关系插补；

y——水深，m；

m——月份，1、2、3……12；

n、x——与 m 有关的参数；

$T_b(t)$——库底 t 月的多年平均水温，℃；对于分层型水库，各月库底水温与其年值差别甚小，可用年值代替；对于过渡型和混合型水库，各月库底水温可用式（4）计算，该式适用于 23°—44°N 地区；

N——大坝所在纬度；

T'_b、K'——参数，其值见表 1。

表 1 库底水温计算公式中的 T'_b、K' 值

月份	1—3	4—5			6—8			9			10			11			12
水深 /m		20	40	60	20	40	60	20	40	60	20	40	60	20	40	60	
T'_b	24.0	30.4	25.6	23.6	35.4	29.9	22.9	37.3	30.0	23.6	33.1	28.0	23.6	37.4	30.9	24.1	31.5
K'	0.49	0.48	0.48	0.47	0.42	0.43	0.44	0.44	0.43	0.44	0.45	0.43	0.44	0.61	0.52	0.44	0.64

指数函数法的本质是先求得库表和库底的各月多年平均水温 $T_0(t)$、$T_b(t)$，然后采用指数函数在空间维度上进行插值。

现有规范中库表水温 $T_0(t)$ 的计算推荐采用类比相关法。即用气候条件相近的同类已建水库资料建立气温和库表水温的相关关系，再用设计水库地区的气温资料计算设计水库库表水温。库底水温 $T_b(t)$ 的计算根据水库特性采用类比相关法或者经验公式推算。本文为了分析不同方法计算出的库表、库底水温、对计算结果精度的差异，方法一 $T_0(t)$、$T_b(t)$ 采用已建类似水库气温与库表、库底水温关系类比得出，方法二 $T_0(t)$、$T_b(t)$ 均采用实测平均值。

3 案例分析

本文选择两类不同水温结构的典型代表性水库采用方法一、方法二给出不同 $T_0(t)$、$T_b(t)$ 进行对比研究。

表 2 研究选择的代表性水库所在区域气温 单位：℃

水库	1 月	2 月	3 月	4 月	5 月	6 月	7 月	8 月	9 月	10 月	11 月	12 月
湖南镇	5.7	6.2	9.7	16.3	21.2	25	28.8	28.2	23.4	18.5	13.4	7.6
凤滩	5.2	6.6	10.2	15.2	20.6	24.2	27	27	22.6	17.4	12.2	7

3.1 湖南镇水库

方法一：$T_0(t)$、$T_b(t)$ 采用已建类似水库气温与库表、库底水温关系类比得出，类比水库为响洪甸水库。两个水库的特性见表 3。

表 3 研究选择的代表性水库

水库名称	建成时间	所在地区	大坝所在纬度	水库坝前正常水深 / m	调节性能	实测水温结构
湖南镇	1983 年	华东	28°N	117	多年调节	稳定分层型
响洪甸	1958 年	华东	31°N	72	多年调节	稳定分层型

根据响洪甸水库气温和库表、库底水温的相关关系，T_a 为气温：

$$T_0=0.869\,3T_a+4.701\,2 \quad (5)$$

$$T_b=-0.020\,5T_a+7.697\,5 \quad (6)$$

根据式（5）和式（6）计算出湖南镇水库坝前水温分布，并与实测值对比，分布曲线差异见图 1。

方法二：$T_0(t)$、$T_b(t)$ 均采用实测平均值。

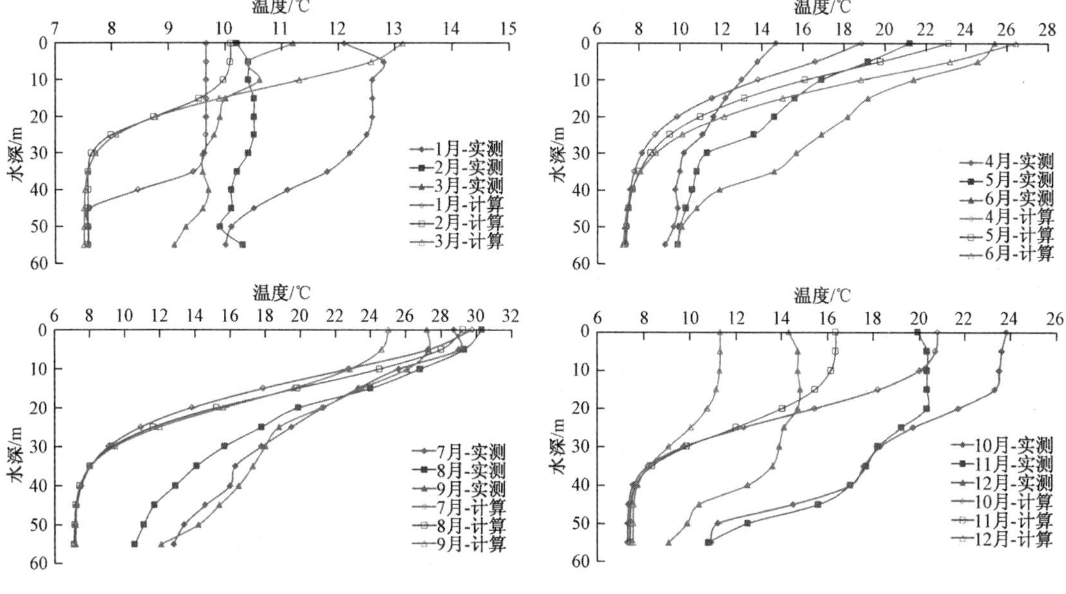

方法一

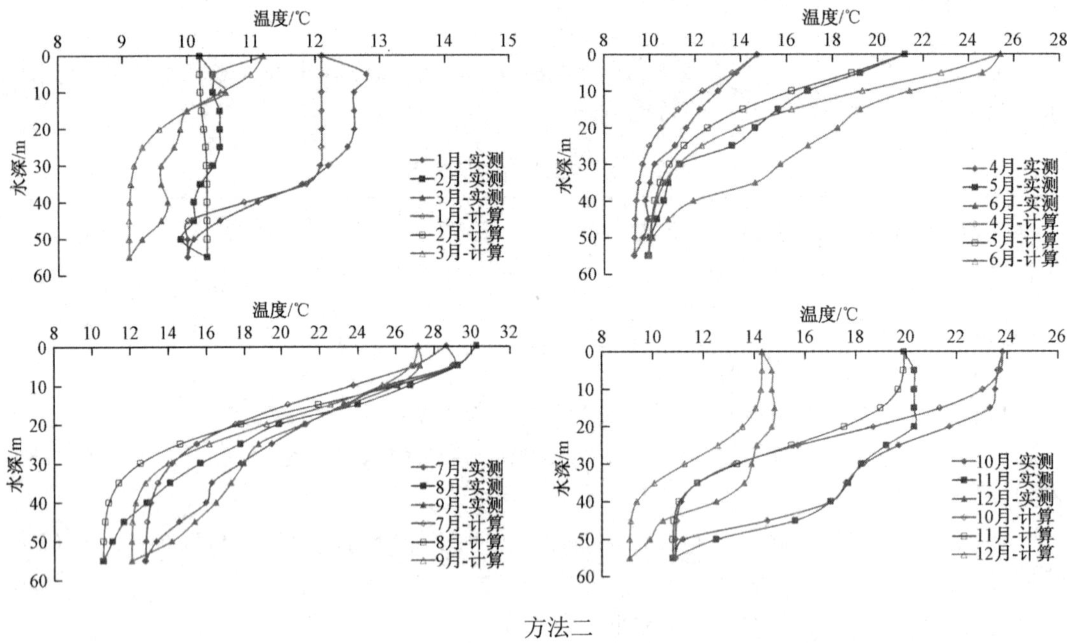

方法二

图 1 湖南镇水库坝前水温分布

3.2 凤滩水库

方法一：$T_0(t)$、$T_b(t)$ 采用已建类似水库气温与库表、库底水温关系得出，类比水库为丹江口水库。两个水库的特性见表 4。

表 4 研究选择的代表性水库

水库名称	建成时间	所在地区	大坝所在纬度	水库坝前正常水深 / m	调节性能	实测水温结构
凤滩	1979 年	华南	28°N	106	不完全年调节	过渡型
丹江口	1973 年	华南	32°N	92	年调节	过渡型

根据丹江口水库气温和库表、库底水温的相关关系，T_a 为气温：

$$T_0=0.773\,8T_a+5.953 \tag{7}$$

根据表 1、式（7）计算出凤滩水库坝前水温分布，并与实测值对比，分布曲线差异见图 2。

方法二：$T_0(t)$、$T_b(t)$ 均采用实测平均值。

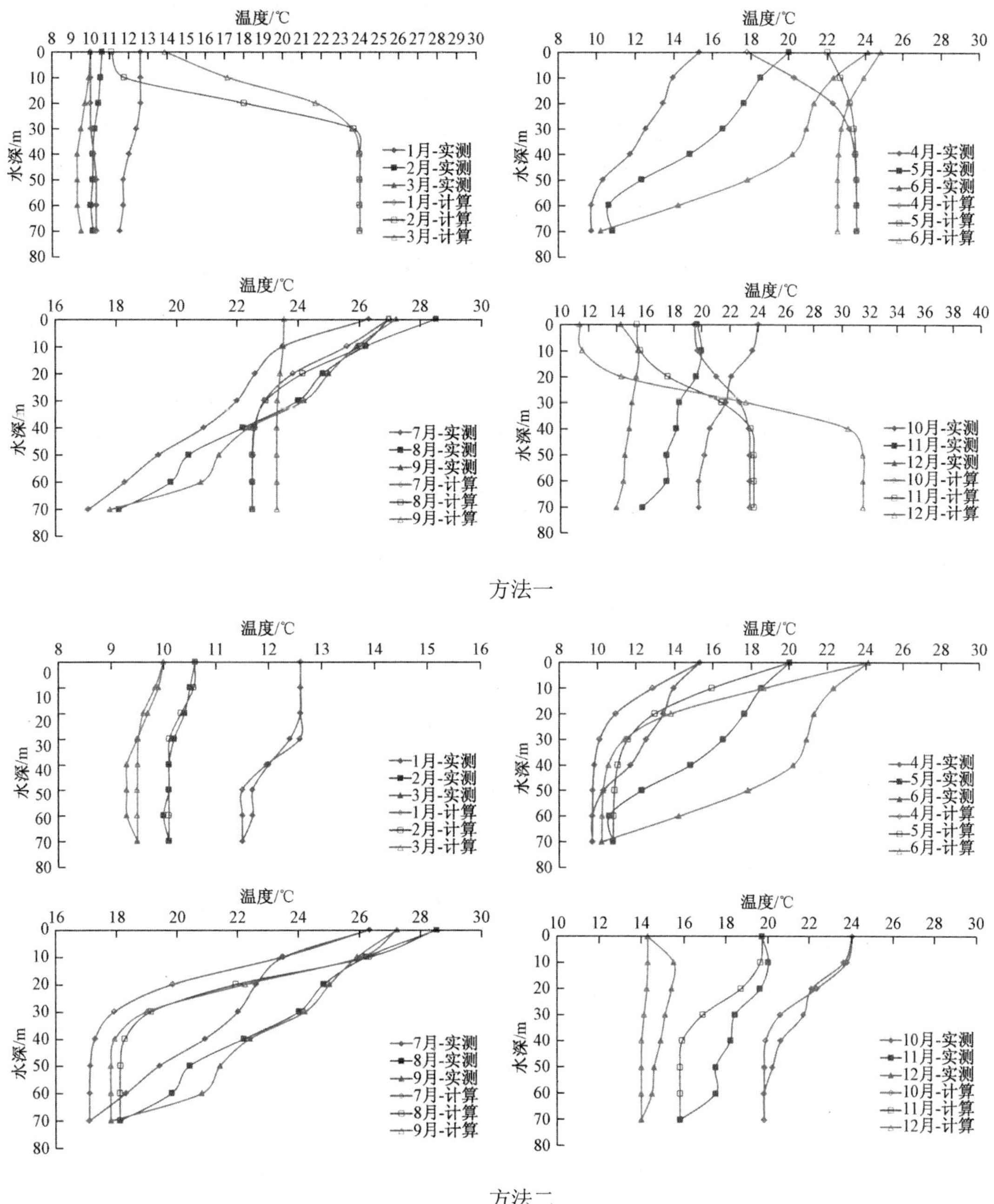

图2　凤滩水库坝前水温分布

4　水温计算结果比较分析

湖南镇水库(稳定分层型水库),方法一和方法二中1—3月计算值与实测值误差较小;4—5月、12月计算值与实测值误差较大;6—11月计算值与实测值误差最大。整体来看,计算值均比实测值偏小。

凤滩水库（过渡型水库），方法一中 1 月计算值与实测值误差较小；7—11 月，计算值与实测值误差较大；2—6 月、12 月计算值与实测值误差最大，而方法二中 1—4 月、10—12 月计算值与实测值误差较小，5—9 月计算值与实测值误差较大。

案例一、案例二均说明了水库坝前水温计算结果受库表、库底水温 $T_0(t)$、$T_b(t)$ 精确度影响较大，且不同水温结构的水库，当 $T_0(t)$、$T_b(t)$ 均采用已建类似水库气温与库表、库底水温关系类比得出时，指数函数法更适用于稳定分层型水库。

表 5　不同类型水库方法一、方法二计算值与实测值误差范围

水库	计算方法	1 月	2 月	3 月	4 月	5 月	6 月	7 月	8 月	9 月	10 月	11 月	12 月
湖南镇	方法一	−3.1 ～ −2.4	−2.8 ～ −0.1	−2.2 ～ 2.2	−2.4 ～ 4.2	−4.1 ～ 1.9	−6.8 ～ 1.0	−8.7 ～ 1.0	−6.4 ～ −1.1	−9.2 ～ −2.2	−9.4 ～ −2.9	−9.3 ～ −3.4	−5.4 ～ −1.6
	方法二	−0.7 ～ 0.1	−0.3 ～ 0.4	−0.6 ～ 0.6	−1.1 ～ 0	−2.1 ～ 0	−4.6 ～ 0	−4.0 ～ 0	−3.2 ～ 0	−4.5 ～ 0	−5.9 ～ 0.1	−6.0 ～ 0	−3.5 ～ 0
凤滩	方法一	−2.6 ～ −1.2	0.5 ～ 14.0	3.9 ～ 14.7	2.5 ～ 13.8	2.0 ～ 12.9	0.7 ～ 12.3	0.7 ～ 5.4	−1.5 ～ 4.4	−3.7 ～ 5.5	−4.5 ～ 3.6	−4.3 ～ 7.9	−3.9 ～ 17.5
	方法二	−0.2 ～ 0.2	−0.1 ～ 0.1	−0.1 ～ 0.2	−2.5 ～ 0	−4.9 ～ 0.2	−9.7 ～ 0	−4.1 ～ 0	−4.9 ～ 0.1	−5.2 ～ 0.1	−1.1 ～ 0.2	−2.3 ～ 0	−1.2 ～ 0

5　结语

指数函数法是目前常用的水库水温计算法，也是相关规范推荐的水温计算方法。通过选择两类不同水温结构的典型代表性水库的实测资料分析发现，当库表、库底水温 $T_0(t)$、$T_b(t)$ 均采用已建类似水库气温与库表、库底水温关系类比得出时，理论上稳定分层型水库比过渡型水库具有更好的计算精度，计算水温分布曲线形态更加贴合实际，说明不同水温结构的类比误差较大。在应用指数函数法进行拟建水库水温预测时，如有较好的类比水库（库容、调节性能、地理位置等相似度高的水库）且实测水温结构为稳定分层型时，本文建议采用指数函数法。

参考文献

[1]　薛联芳．河流水温数学模型的比较研究 [J]. 水电站设计，1998，14（4）：1.

[2]　蒋红．水库水温计算方法探讨 [J]. 水力发电学报，1992（2）：60-69.

[3]　钱小蓉，廖红，顾恒岳，等．水库水温预测模型研究 [J]. 重庆大学学报，1997，20（3）：134-140.

[4]　DL/T 5431—2009 水电水利工程水文计算规范 [S].

[5]　SL 278—2002 水利水电工程水文计算规范 [S].

[6]　SL 282—2003 混凝土拱坝设计规范 [S].

统计法主要参数敏感性分析

董　连　张德见　颜剑波　李　璜

（中国电建集团中南勘测设计研究院有限公司，长沙　410116）

摘　要：统计法是目前水库水温计算常用的经验公式方法之一，也是现有规范推荐的方法。选取了不同调节性能的典型代表性水库，结合实测资料分析探讨了主要参数变化对计算结果的影响，在此基础上进行统计法主要参数敏感性分析。

关键词：水库水温计算；统计法；主要参数；敏感性分析

1　前言

统计学是水库水温经验公式法建立的理论基础，虽然数值模型法计算精度较高，但在水电水利工程设计实践工作中，统计法仍然是水库水温计算的主要方法，本文在总结几种不同类型水库特性的基础上结合实测资料进行统计法主要参数敏感性分析。

2　统计法简介

统计法是在国内外 20 余座水库的实测资料及其相应气温等资料的基础上，利用最小二乘法等数理统计方法对中南院统计法中的各项参数提出了不同的计算方法，考虑了水库规模、水库运行方式等因素。计算公式如下：

$$T(y,\tau)=T_m(y)+A(y)\cos\omega\left[\tau-\tau_0-\varepsilon(y)\right] \tag{1}$$

$$T_m(y)=c\mathrm{e}^{-\alpha y} \tag{2}$$

$$A(y)=A_0\mathrm{e}^{-\beta y} \tag{3}$$

$$\varepsilon(y)=d-fy \tag{4}$$

$$c=7.77+0.75T_a \tag{5}$$

$$c_1=2.94+0.778B^* \tag{6}$$

作者简介：董连（1987—），女，江苏盐城人，工程师，硕士，主要从事环境影响评价与环境保护工程设计。E-mail:384693044@qq.com。

式中：T_a——气温，℃；

τ_0——初始相位，月；对于纬度＞30° 的地区，可取 6.5；对于纬度＜30° 的地区，可取 6.7。

α、β、d、f 是与水库规模及水库运行方式有关的系数。

α 对于库大水深的多年调节水库取 0.015，且当水深处于 50 ～ 60 m 时式中的 y 取 50 ～ 60 m；对于库大水深的非多年调节水库取 0.01，库小水浅的水库取 0.005。

$A_0 = 0.778B^* + 2.934$，$T_a<10$℃，$B^* = T_{a7}/2+\Delta b$，T_{a7} 为 7 月月平均气温；$T_a \geqslant 10$℃，$B^* = B$，B 为气温年变幅。

β 对于库大水深的多年调节水库取 0.055，对于库大水深的非多年调节水库取 0.025，库小水浅的水库取 0.012。

d、f 对于库大水深的多年调节水库取 0.53、0.059，且当水深处于 50 ～ 60 m 时式中的 y_0 取 50 ～ 60 m；对于库大水深的非多年调节水库取 0.53、0.03，库小水浅的水库取 0.53、0.008。

统计法是目前常用的水库水温计算法，也是相关规范推荐的水温计算方法，其本质是根据水库所在区域纬度、水库规模及水库运行方式，先求得初始相位、温度变化层深度 y_0、年平均温度 $T_m(y)$ 和温度年变幅 $A(y)$，然后采用指数函数在空间维度上进行插值。

3 案例分析

3.1 代表性工程

考虑统计法建立时样本资料的特征，本文选择我国北纬 30° 左右 10 个不同类型的代表性水库进行研究，包括不同调节性能、不同水温结构的水库，见表 1。

表 1 研究选择的代表性水库

序号	水库名称	所在地区	纬度	坝前水深 /m	变温层深度 y_0/m	调节性能	实测水温结构
1	新安江	浙江杭州	29°N	100	45	多年调节	分层型
2	响洪甸	安徽六安	31°N	70	40	多年调节	分层型
3	湖南镇	浙江衢县	28°N	120	50	多年调节	分层型
4	新丰江	广东河源	23°N	95	45	多年调节	分层型
5	三板溪	贵州黔东南	26°N	180	110	多年调节	分层型
6	上犹江	江西上犹	25°N	60	55	年调节	分层型
7	丹江口	鄂、豫两省	32°N	90	50	年调节	过渡型
8	安砂	福建永安	26°N	90	60	季调节	过渡型
9	柘溪	湖南安化	28°N	100	60	季调节	过渡型
10	富春江	浙江桐庐	29°N	40	55	日调节	混合型

3.2 水温计算结果比较分析

根据选择的 10 个代表性水库水温实测资料，采用统计法计算水库坝前逐月水温，变温层深度 y_0 一般取 50 ～ 60 m，为了解其变化对水库水温沿水深分布曲线的影响，本文对不同类型水库变温层深度 y_0 进行了调试计算，并作了比较，见表 2。由表可见，不同类型水库变温层深度 y_0 变化对水温计算结果、水温分布曲线有影响，但差异较小，除三板溪水库（库深 180 m，库大水深的多年调节水库），计算水库垂向水温误差基本在 5℃以内，精度不高，可能与拟合参数 c、c_1 有关，不宜计算坝高水深的巨型水库，水深 H 越大，计算精度越低。

表 2　不同类型水库变温层深度 y_0 变化公式适用性分析

序号	水库名称	坝前水深 /m	调节性能	不同变温层深度 y_0 公式适用性分析			
				y_0/m	适用性分析	y_0/m	适用性分析
1	新安江	100	多年调节	45	☆☆	50	☆☆
2	响洪甸	70	多年调节	40	☆☆	50	☆☆
3	湖南镇	120	多年调节	50	☆	60	☆
4	新丰江	95	多年调节	45	☆☆☆	60	☆☆
5	三板溪	180	多年调节	110	☆	60	☆
6	上犹江	60	年调节	55	☆	60	☆
7	丹江口	90	年调节	50	☆	35	☆
8	安砂	90	季调节	60	☆	50	☆
9	柘溪	100	季调节	50	☆☆	60	☆☆
10	富春江	40	日调节	55	☆	35	☆

此外，本文分析了不同类型水库变温层深度 y_0 计算不同类型水库水温分布曲线的差异，见图 1。其中，三板溪水库代表库大水深的多年调节分层型水库，新安江水库代表多年调节的分层型水库，丹江口水库代表年调节的过渡型水库，柘溪水库代表季调节的过渡型水库，富春江水库代表日调节的混合型水库。从水温垂向分布曲线形态来看，不同调节性能水库，统计法计算的水温分布曲线与实测的水温分布曲线差异较大，新安江水库、丹江口水库和柘溪水库计算的水温分布曲线更加接近实测水温，不同变温层深度 y_0 水温分布曲线存在差异，这种形态差异是由指数函数不同的插值方法决定的。

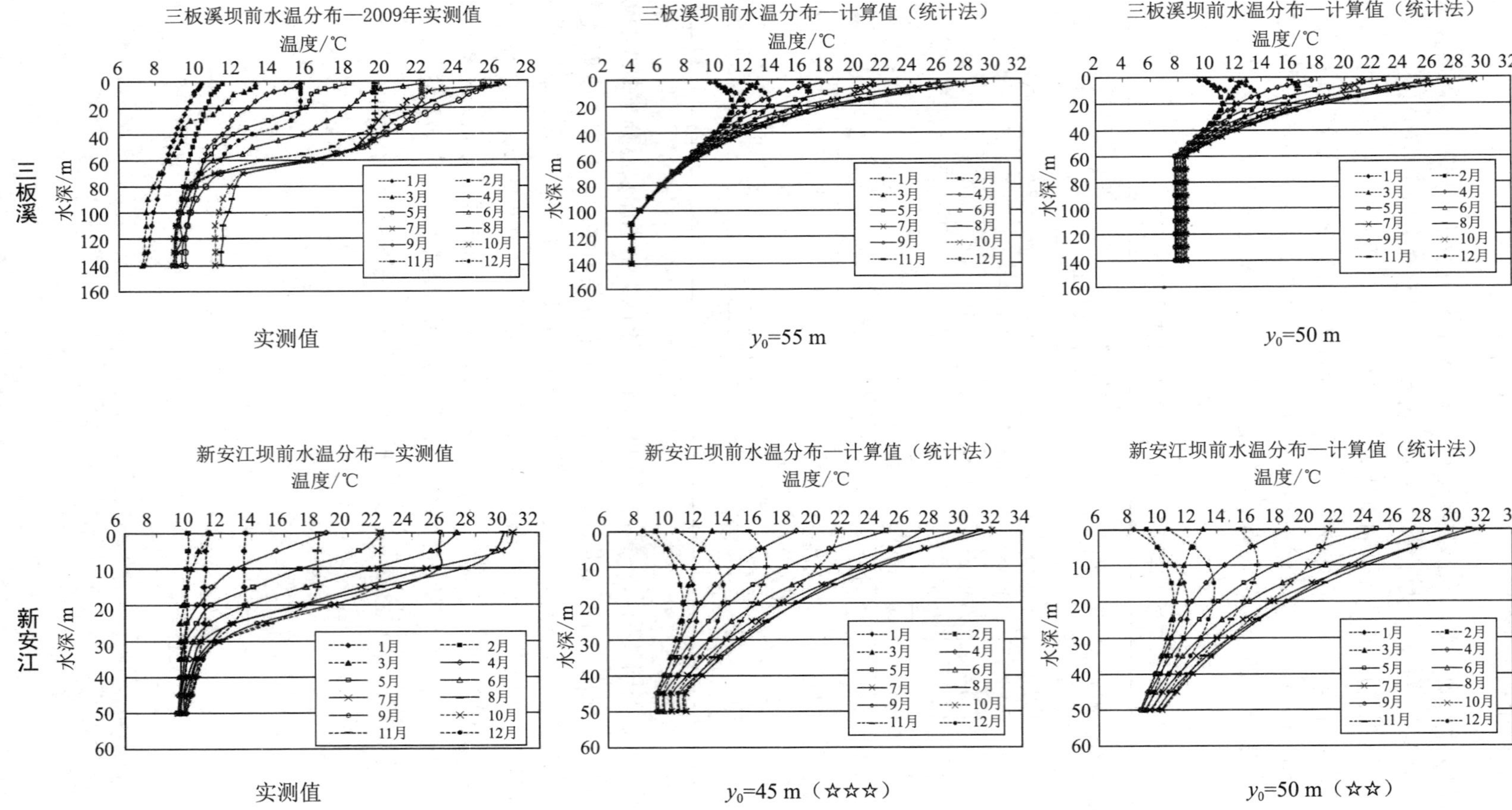
三板溪
三板溪坝前水温分布—2009年实测值
温度/℃
水深/m
实测值
三板溪坝前水温分布—计算值（统计法）
温度/℃
水深/m
y_0=55 m
三板溪坝前水温分布—计算值（统计法）
温度/℃
水深/m
y_0=50 m
新安江
新安江坝前水温分布—实测值
温度/℃
水深/m
实测值
新安江坝前水温分布—计算值（统计法）
温度/℃
水深/m
y_0=45 m（☆☆☆）
新安江坝前水温分布—计算值（统计法）
温度/℃
水深/m
y_0=50 m（☆☆）
1月
2月
3月
4月
5月
6月
7月
8月
9月
10月
11月
12月

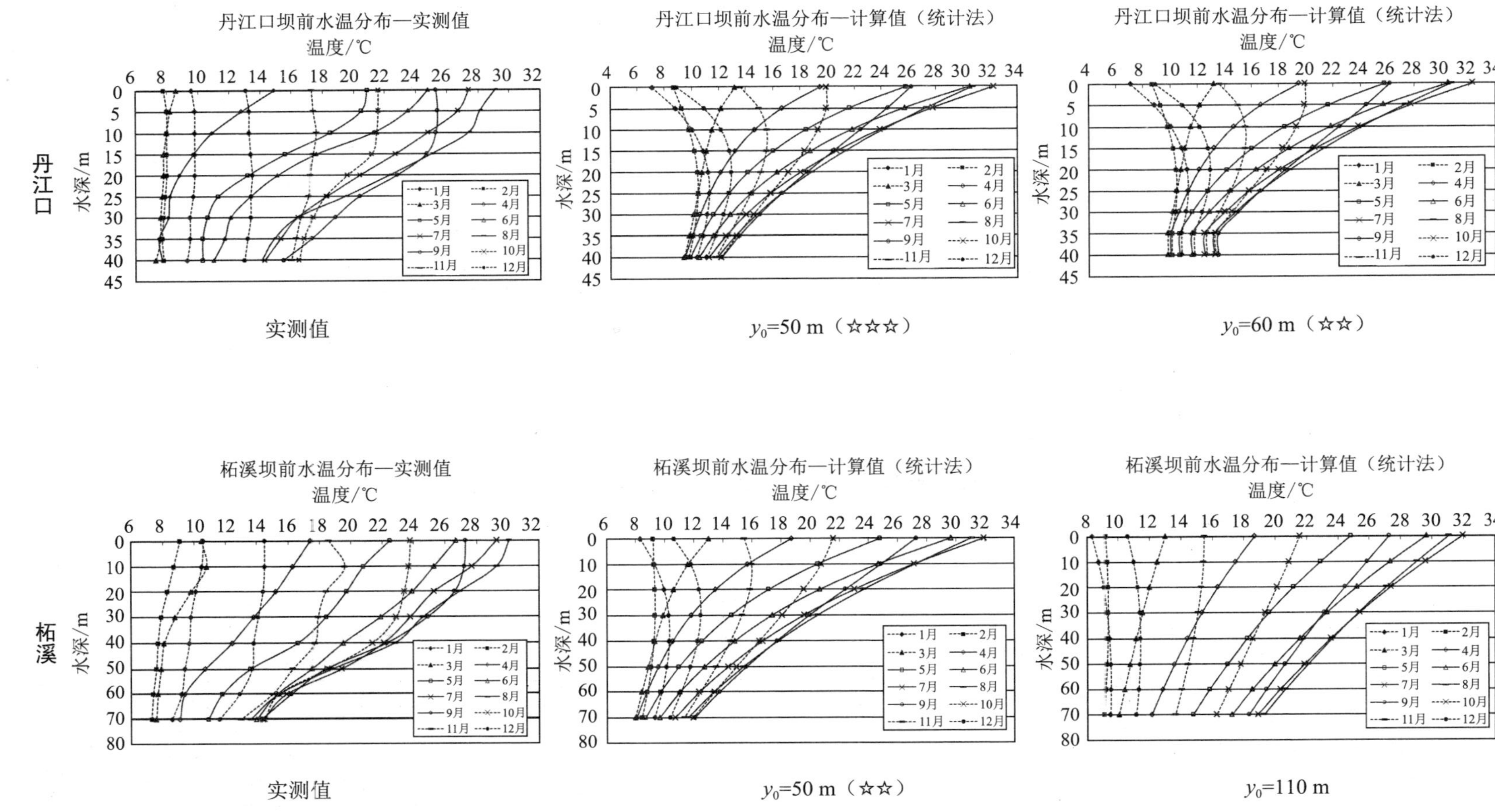
丹江口
丹江口坝前水温分布—实测值
温度/℃
水深/m
实测值
丹江口坝前水温分布—计算值（统计法）
温度/℃
水深/m
y_0=50 m（☆☆☆）
丹江口坝前水温分布—计算值（统计法）
温度/℃
水深/m
y_0=60 m（☆☆）
柘溪
柘溪坝前水温分布—实测值
温度/℃
水深/m
实测值
柘溪坝前水温分布—计算值（统计法）
温度/℃
水深/m
y_0=50 m（☆☆）
柘溪坝前水温分布—计算值（统计法）
温度/℃
水深/m
y_0=110 m
1月
2月
3月
4月
5月
6月
7月
8月
9月
10月
11月
12月

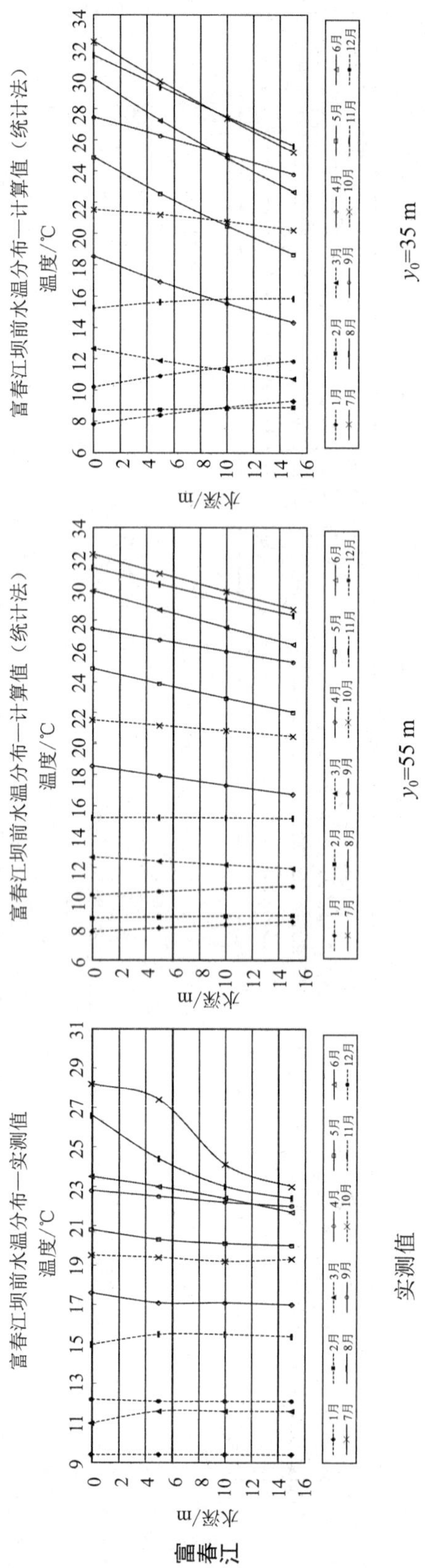

图1 不同水库变温层深度 y_0 计算出的水温分布曲线

4 结语

统计法是目前常用的水库水温计算法，也是相关规范推荐的水温计算方法，其本质是根据水库所在区域纬度、水库规模及水库运行方式，先求得初始相位、温度变化层深度 y_0、年平均温度 $T_m(y)$ 和温度年变幅 $A(y)$，然后采用指数函数在空间维度上进行插值。通过选择 10 个不同类型水库的实测资料分析发现，不同变温层深度 y_0 计算结果差异较小，但不同变温层深度 y_0 水温分布曲线存在差异，较适用于坝高水深的中型水库，对于坝高水深的大型水库或者水深较浅的小型水库，计算精度和水温分布曲线形态与实际存在差异，建议坝高水深的大型水库采用朱伯芳法计算，水深较浅的小型水库采用东勘院法计算。

参考文献

[1] 薛联芳 . 河流水温数学模型的比较研究 [J]. 水电站设计，1998，14（4）：1.
[2] 岳耀真，赵在望 . 水库坝前水温统计分析 [J]. 水利水电技术，1997，3（28）：2-7.
[3] 蒋红 . 水库水温计算方法探讨 [J]. 水利发电学报，1999（2）：60-69.
[4] DL/T 5431—2009 水电水利工程水文计算规范 [S].
[5] SL 278—2002 水利水电工程水文计算规范 [S].
[6] SL 282—2003 混凝土拱坝设计规范 [S].

水库水温分层结构判定方法及其应用

陈　浩

（湖南省水利水电勘测设计研究总院，长沙 410007）

摘　要：对水库低温水的影响因素进行了简要阐述，对水库水温结构的判定方法进行梳理，明晰了判定公式中部分模糊参数的基本概念和推荐计算方法，并结合实例进行计算和验证，在此基础上比较各判定方法的优劣势，为水库水温结构判定提供参考性建议。

关键词：低温水；α-β；Norton 密度弗劳德数；水库宽深比

大坝拦截后，改变了原有河流的径流过程，对于调节性能较好的水库，水体在库内滞留时间长，在重力和热力作用下，垂向水温呈现出分层现象。特别是多年调节水库或年调节水库，有可能形成稳定的水温分层结构，库底常年处于低温水状态。水库水温的分层结构改变了水库库区的水生态环境，根据调查，对于一些典型的分层型水库，夏季下泄水温较天然水温可能低 10℃以上，从而带来一系列低温水影响，如对下游河道水生生态的影响，对农业灌溉的影响，这成为水库项目环评中重点关注的问题。因此，本文通过梳理水温分层结构判定方法，并结合工程实例，总结各水温判定方法在实际应用中的优劣势，为水库水温分层结构判定在环评中的应用提供参考。

1　水库水温影响因素

水库水温垂直结构影响主要有以下几个因素：①水库几何特征，包括库容、水深、面积、平均宽度、库底坡等；②水文水力因素，如入出库流量、水体流态、平均流速等；③地质地貌，如库周地形、库底质、糙率等；④气象因素，如太阳辐射、气温、风速风向、降雨、蒸发等；⑤地理位置，水库所处地理纬度不同，则太阳高度角的大小、昼夜和四季长短、太阳辐射强度、水库热量收支及地温等都不一样。

2　水库水温结构的判别方法

现行的水库水温分层判别方法主要有参数 α-β 判别法、Norton 密度弗劳德数判别法

作者简介：陈浩（1982—），男，硕士研究生，工程师，从事环境保护设计工作。

及水库宽深比判别法，它们实际上都是一种公式加经验的判别方法。

（1）参数 α-β 判别法

$$\alpha = \frac{多年平均径流量}{总库容} \tag{1}$$

$$\beta = \frac{一次洪水量}{总库容} \tag{2}$$

当 $\alpha < 10$ 时，水库水温为稳定分层型；当 $10 < \alpha < 20$ 时，水库水温为不稳定分层型；当 $\alpha > 20$ 时，水库水温为混合型。对于分层型水库，如果遇到 $\beta > 1$ 的洪水，将出现临时混合现象；但如果 $\beta < 0.5$ 时，洪水对水库水温的分布结构没有影响。

（2）Norton 密度弗劳德数判别法

Norton 密度弗劳德数判别公式为：

$$\mathrm{Fr} = (LQ/HV)(gG)^{-1/2} \tag{3}$$

式中，Fr 为密度弗劳德数；L、H、V 分别为水库长度、平均水深和库容；Q 为入库流量；g 为重力加速度；G 为标准化的垂向密度梯度（量级为 10^{-3}/m，推荐值为 10^{-3}/m）。

当 Fr < 0.1 时，水库水温为稳定分层型；当 0.1 < Fr < 1.0 时，水库水温为弱分层型或混合型；当 Fr > 1.0 时，水库水温为完全混合型。

（3）水库宽深比判别法

水库宽深比判别法公式为：

$$R = B/H \tag{4}$$

式中，B 为水库水面平均宽度；H 为水库平均水深。

当 $H > 15$ m，$R > 30$ 时，水库为混合型；$R < 30$ 时，水库为分层型。

3 环评中关于计算公式中参数概念及推荐计算方法

在水温判别方法各计算公式中，部分参数在公式中未给出具体的选取原则，部分参数无法从水文数据中直接获得，这是水温结构判别计算中会遇到的问题，比如对于中型水库，采用不同标准的一次洪水量，β 值变化跨度较大，会影响判断洪水对水库水温的分布结构的影响分析结论。根据实际经验，本文中给出基本选取原则和推荐方法，并在案例计算中予以验证。

（1）在参数 α-β 判别法中“一次洪水量”的定义

一次洪水总量：一次洪水过程中或给定时段内通过河流某一断面的洪水体积。

推荐取值原则：在水文计算中，一般会给出 5 年一遇、10 年一遇、20 年一遇、50 年一遇洪水量；我们在计算时建议采用水库设计的防洪标准设定的一次洪水量，比如水库设计的防洪标准是 20 年一遇，即选择 20 年一遇的一次洪水量作为计算取值。

（2）Norton 密度弗劳德数判别公式中参数的选定

G 为标准化的垂向密度梯度（量级为 10^{-3}/m）；单位垂向距离内的流体密度差异我们也可称之为垂向密度梯度，并形成与之相应的密度梯度力。流体之间的密度差异越大，由密度差异产生的密度梯度力也越大。

H 为水库平均水深，推荐计算公式：H= 正常蓄水位时的库容 / 正常蓄水位时的水面面积。

（3）水库宽深比判别法中参数的选定

B 为水库水面平均宽度，推荐计算公式：B= 正常蓄水位时的水面面积 / 回水长度。

4 案例计算及验证

中国水利工程中对水库的级别划分为 5 级，大、中、小型水库的等级是按照库容大小来划分的，即大（一）型水库库容大于 10 亿 m^3；大（二）型水库库容大于 1 亿 m^3 而小于 10 亿 m^3；中型水库库容大于或等于 0.1 亿 m^3 而小于 1 亿 m^3；小（一）型水库库容大于或等于 100 万 m^3 而小于 1 000 万 m^3；小（二）型水库库容大于或等于 10 万 m^3 而小于 100 万 m^3。

本文选取大中小型各个级别的代表性水库作为案例进行水温判别计算，其中涔天河水库为大（一）型水库，莽山水库为大（二）型水库，芦江水库及乌巢河水库为中型水库，营乐源水库为小型水库。

4.1 水库基本情况简介

（1）大（一）型水库——涔天河水库

涔天河水库扩建工程位于湘江一级支流潇水上游河段，系潇水流域开发的第一梯级。行政区属湖南省永州市江华瑶族自治县，坝址距江华县城 12 km。地理坐标：东经 110°39′53″—110°50′56″，北纬 24°57′56—″25°8′52″。涔天河水库正常蓄水位 313.0 m，总库容 15.1 亿 m^3，属于大（一）型水库。

（2）大（二）型水库——莽山水库

莽山水库工程位于珠江流域北江二级支流长乐水的上游，系长乐水流域开发 17 个梯级中的第 7 级。行政区域属于湖南省郴州市宜章县境内，下距宜章县城 72 km。地理坐标：东经 112°38′—113°4′，北纬 24°53′—25°16′。莽山水库正常蓄水位 395.0 m，总库容 1.33 亿 m^3，属于大（二）型水库。

（3）中型水库——芦江水库

芦江水库工程位于湘江一级支流芦洪江上游，行政区划为湖南省东安县东北部新圩江镇源塘村境内，地理坐标：东经 111°21′40″—111°34′10″，北纬 26°31′25″—26°44′30″。芦江水库正常蓄水位为 218.5 m，总库容 2 210 万 m^3，属于中型水库。

（4）中型水库——乌巢河水库

乌巢河水库位于沅江流域武水水系沱江支流乌巢河下游，凤凰县落潮井乡武冈村岩拉寨，地理坐标：东经 109°20′24″—109°23′50″，北纬 27°59′30″—28°02′58″。乌巢河水库正常蓄水位 521 m，总库容 1 810 万 m^3，属于中型水库。

（5）小型水库——营乐源水库

营乐源坝址位于湖南省道县清塘镇中坪村大溶坝河上游，地理坐标：东经 111°22′04″—111°23′41，北纬 25°30′43″—25°31′32″。营乐源水库正常蓄水位 405 m，总库容为 495.3 万 m^3，属于小型水库。

4.2 水库基本水文参数

涔天河水库、莽山水库、芦江水库、乌巢河水库、营乐源水库基本水文参数见表 1。

表 1 水库基本水文参数一览

序号	参数 \ 水库	参数值					备注
		涔天河	莽山	芦江	乌巢河	营乐源	
1	多年平均径流量 / 亿 m^3	26.7	3.11	1.084 8	0.58	0.22	
2	总库容 / 万 m^3	151 000	13 300	2 210	1 810	495.3	校核洪水位库容
3	一次洪水量 / 万 m^3	40 600	3 250	1 530	3 223	1 175	设计洪水洪量
4	水库长度 L/m	69 000	9 770	7 500	6 800	2 640	
5	平均水深 H/m	31.5	40.8	12.7	15.2	30.3	
6	库容 V/ 万 m^3	121 000	11 500	2 210	1 480	440	正常库容
7	入库流量 Q/（m^3/s）	84.8	9.85	3.45	1.84	0.68	
8	水库水面平均宽度 B/m	556.5	333.7	232	146.7	55.1	

4.3 判定模式计算结果

根据参数 α-β 判别法、水库宽深比判别法、Norton 密度弗劳德数判别法三种水库水温结构判定模式，分别对涔天河水库、莽山水库、芦江水库、乌巢河水库、营乐源水库的水温结构进行计算判定，计算及判定结果见表 2。

表 2 水库水温结构计算判定结果一览

判定模式 \ 水库	计算结果					判定结果
	涔天河	莽山	芦江	乌巢河	营乐源	
参数 α-β 判别法	α=1.76 β=0.27	α=2.34 β=0.24	α=4.9 β=0.69	α=3.2 β=1.78	α=4.4 β=2.37	稳定分层型
水库宽深比判别法	R=17.7	R=8.18	R=18.3	R=9.65	R=1.82	分层型
Norton 密度弗劳德数判别法	Fr=0.001 5	Fr=0.000 2	Fr=0.000 9	Fr=0.000 6	Fr=0.000 1	稳定分层型

4.4 判定模式特点分析

通过大中小型各个级别的代表性水库的案例计算分析，参数 α-β 判别法、水库宽深比判别法、Norton 密度弗劳德数判别法三种判别方法对水库水温结构的判定结果是一致的，证明推荐采用的判定公式中的参数定义及其推荐计算方法是可行的，无论采用哪种判定方法在实际计算过程中都是实用的，但各判别法各自具有一定的特点，见表 3。

表 3 水库水温判定模式特点一览

判定模式	特点分析
参数 α-β 判别法	①需水文参数 3 个； ②水温判定结果分为 3 类：稳定分层型、不稳定分层型和混合型； ③不仅可以判别水库水温的基本结构，也可通过 β 值判定一次洪水量对水库水温结构的影响； ④应用较广泛，受限制条件较少
水库宽深比判别法	①需水文参数 2 个； ②水温判定结果分为 2 类：分层型和混合型； ③适用于水深大于 15 m 的水库水温判定，当水库水深小于 15 m 时，该公式的适用性还不明确； ④不大适用于水库长度和宽度变化跨度很大的水库类型，比如河床坡度大的狭长型水库
Norton 密度弗劳德数判别法	①需水文参数 4 个； ②水温判定结果分为 3 类：稳定分层型、弱分层型或混合型、完全混合型； ③不大适用于水库平均水深变化跨度很大的水库类型，比如河床坡度大的狭长型水库

5 结论及建议

（1）本文通过对判定公式中参数的具体解读，并通过实际案例得以验证，为水库水温结构判定提供参考性建议。

（2）由于近数十年来迅速发展的水利建设，各个地区都已建成了成千上百的水库，因此，对于新建水库水温的判定，建议结合公式判别及类似条件的已建水库实测水温观测进行综合判定。

（3）前述的判定是利用全年水文数据对水库总体水温结构的判定，实际上当前水库水温判定最重要的意义在于对农业灌溉影响的分析，因此，在环境影响分析过程中，最应特别关注的是灌溉期的水库水温结构，结合水库运行调度方式和每月水文参数，判定各灌溉月份的水库水温结构更具有实际意义。

五、下泄水温对鱼类的影响研究

四大家鱼繁殖温度需求与三峡生态调度

俞立雄　段辛斌　汪登强　高　雷　陈大庆

（中国水产科学研究院长江水产研究所，武汉 430223）

摘　要：长江中游四大家鱼具有宝贵的种质资源价值，长江四大家鱼的自然繁殖数量对四大家鱼的资源保护意义重大，但近年来，其早期资源量逐年下降明显。合适的涨水条件和水温是四大家鱼自然繁殖的重要条件，重点阐述了四大家鱼自然繁殖与水温的关系以及为缓解三峡水库运行造成不利影响的生态调度试验。分析了生态调度与四大家鱼产卵量的关系，表明试验性生态调度对促进长江中游的四大家鱼自然繁殖具有一定的积极作用。

关键词：四大家鱼；水温；生态调度；长江中游

1　四大家鱼资源现状

鲢（*Hypophthalmichthys molitrix*）、鳙（*Aristichthys nobilis*）、草鱼（*Ctenopharyngodon idellus*）、青鱼（*Mylopharyngodon piceus*）俗称四大家鱼，是我国重要经济鱼类，自然分布于我国长江、珠江、黑龙江等水系，20 世纪 60 年代其产量占我国淡水鱼产量的 75%，是我国淡水渔业的主要捕捞对象和养殖基石。长江四大家鱼种质性状明显优于其他水系，其基因遗传是其他水系或人工方式所不能替代[1]。长江四大家鱼自然资源的丰歉直接关系到我国淡水渔业的健康发展[2-3]。

目前，由于自然因素和人为因素致使长江水系四大家鱼资源日趋衰退。20 世纪 60 年代长江四大家鱼产卵规模高达 1 150 亿尾[4-5]。80 年代以来，由于长江航道整治、水体污染、过度捕捞等人为原因，特别是葛洲坝和三峡等大型水利工程的建设，改变了长江的水流、地形特性与生态系统格局，导致长江渔业资源持续衰退。1981 年长江干流四大家鱼产卵规模下降至 173 亿尾，产卵规模缩减了 84.3%[6]。三峡水库区蓄水前，1997—2002 年监利江段四大家鱼卵苗发生量年平均值为 25.24 亿尾[7]，四大家鱼产卵规模逐年

资助项目：国家自然科学基金（51579247），中国长江三峡集团公司项目（SXSN/3558）。

作者简介：俞立雄（1991—），福建福州人，博士研究生，主要从事鱼类生态与保护方面研究。E-mail: 568264442@qq.com。

通讯作者：陈大庆，研究员。E-mail: chdq@yfi.ac.cn。

缩小。三峡水库蓄水后，2003—2009 年监利江段四大家鱼卵苗发生量年平均值为 1.99 亿尾 [8]，产卵规模进一步下降。

2 四大家鱼产卵的温度需求

2.1 四大家鱼繁殖所需的条件

四大家鱼属典型的漂流性鱼类，其成熟亲鱼的产卵受精活动，不仅需要江水涨落的洪峰过程、温度等自然环境条件的刺激，而且产卵量与涨水幅度、持续涨水时间成正比 [9]。余志堂等 [10] 通过调查认为，家鱼会在江水起涨后 0.5 ～ 2 天开始产卵。在长江，从水位起涨至家鱼产卵时的流速，一般增加 0.1 ～ 0.3 m/s。当水位下降，流速减小，产卵即行停止。至于有少量平水或退水时产卵的现象，也一定是家鱼先受了涨水的刺激。因此，一定的水文水力学条件是四大家鱼产卵的必备条件。由于四大家鱼产卵对水流条件的需求以及其卵漂浮性的特性，家鱼产卵场通常都位于大江两岸地形发生较大变化的江段，如江面陡然紧缩、山岭由一岸伸入江中、河道弯曲多变、江心常有沙洲以及河床糙度大、水较深的江段。这些江段流场复杂，易形成“泡漩水”，即水流上下翻滚、垂直交流。四大家鱼在这样的江段产卵，卵不致下沉，从而保证了卵的受精和正常孵化 [11]。

2.2 四大家鱼自然繁殖与水温的关系

四大家鱼产卵活动与其产卵场水域的水温、洪水伴随着的涨水过程出现的水位升高、流量加大、流速加快、透明度减小以及流态紊乱等一系列环境要素密切相关，其中水温是影响四大家鱼繁殖的主要外界条件之一。

根据秭归站 1982 年观测的结果，4 月 28 日—7 月 5 日的水温变动在 20.3 ～ 26.8℃，5 次产卵江汛的水温是在 21.0 ～ 26.2℃（见表 1）[6]。

表 1 秭归江段家鱼产卵江汛与水温关系

产卵江讯	产卵量 / 万粒	水温 /℃
5 月 13 日	488	22.2
5 月 23 日—5 月 25 日	1 412	21.1 ～ 22.2
5 月 30 日—5 月 31 日	3 159	21.0 ～ 22.0
6 月 7 日—6 月 14 日	3 111	21.0 ～ 23.0
6 月 24 日—6 月 26 日	1 255	24.0 ～ 26.2

根据长江水产研究所 2014 年在宜昌和沙市监测结果（见图 1、图 2），宜昌江段 5 月 1 日—7 月 15 日水温变动在 16.6 ～ 23.4℃。沙市江段 4 月 30 日—7 月 12 日水温变动在 16.2 ～ 23.4℃。四大家鱼产卵高峰期后推至 6 月中旬到 7 月中下旬，产卵高峰期水温范围在 20 ～ 23.2℃。

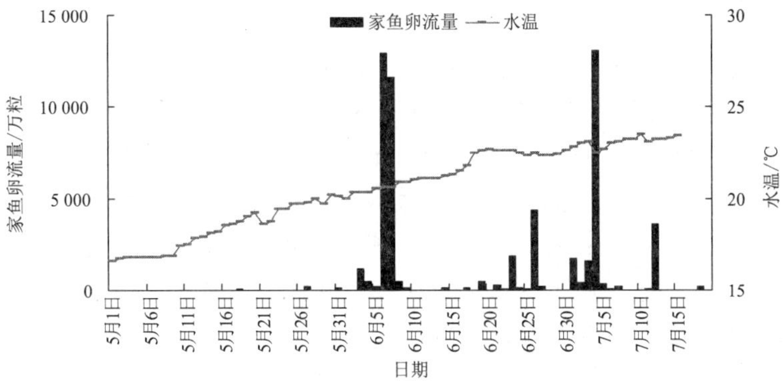

图 1 宜昌江段家鱼产卵江汛与水温关系

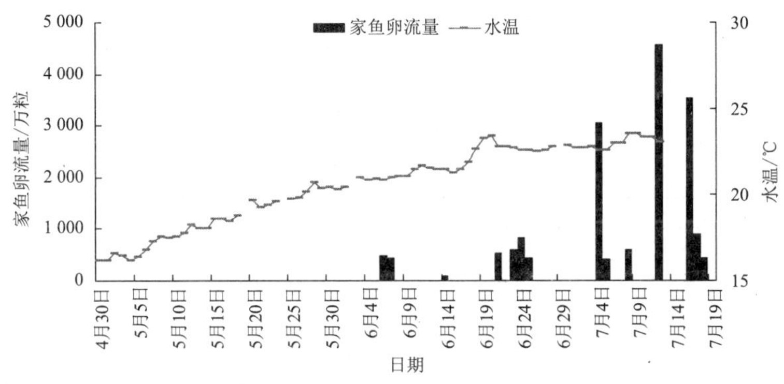

图 2 沙市江段家鱼产卵江汛与水温关系

与 1982 年秭归站监测结果相比，2014 年 5—6 月长江中游平均水温比同期水温低 1 ～ 2℃。四大家鱼产卵的高峰期时间后推接近一个月。根据三峡蓄水前（1983—2002 年）和蓄水后（2004—2009 年）三峡坝下宜昌站的月平均水温对比，蓄水后 4—5 月水温降低明显 [12]。天然情况下家鱼产卵的最适水温是 20 ～ 24℃，产卵活动最为频繁，在 27 ～ 28℃还能见到家鱼产卵，水温低于 18℃时，则繁殖活动被迫终止，18℃水温已被认为是家鱼产卵所要求的温度下限。段辛斌等 [13]2010—2012 年 5—7 月在长江上游江津江段开展的鱼类产卵场调查，发现长江上游鱼类规模产卵的起始水温为 21℃，产卵高峰期水温为 22 ～ 25℃，其结果与四大家鱼适宜的产卵水温相似。此外，家鱼胚胎发育的水温为 18 ～ 30℃，适宜水温为 22 ～ 28℃。在适宜温度范围内水温越高，孵化率越高，而水温低于 18℃或高于 30℃就会引起胚胎发育停滞或产生畸形而死亡 [14]。

3 三峡生态调度

3.1 三峡水库对四大家鱼自然繁殖的影响

根据近年来的实际监测资料分析和相关研究成果，三峡工程运行对四大家鱼的影响主要体现在产卵时间和产卵规模上。由于三峡水库坝前存在水温分层现象，蓄水运行后造成的水温“滞冷”效应致使产卵时间以及产卵高峰期向后推迟[15]，下泄水流每年的4—5月平均水温比天然情况低1℃左右[12]。根据1997—2002年监测结果，四大家鱼产卵高峰主要集中在5月中旬到6月中旬，而2003年蓄水后产卵时间推迟到6月下旬至7月中旬。在产卵的高峰5—7月，天然的涨水过程被水库拦蓄，均匀下泄发电，天然水文情势的改变对四大家鱼的产卵产生极大的影响。同时，随着三峡工程的建成与运行，清水下泄使得长江中游宜昌至城陵矶江段的河道受到不同程度的冲刷，改变了中游四大家鱼产卵场的地形以及水力特性，水深增加、流速减小、水位下降、比降变缓等各种因素都对四大家鱼产卵繁殖及其规模带来一定影响[16-17]。此外，高坝泄洪会产生明显的气体过饱和现象，已有研究表明，持续的气体过饱和将对四大家鱼的鱼卵和幼鱼的成活产生明显的不利影响[12]。

根据《长江三峡工程生态与环境监测公报》，监利江段四大家鱼卵苗径流量在1997年至2010年5—6月有明显的下降趋势（见图3）[18]。尤其从2003年三峡工程运行以后，四大家鱼的资源量有了显著性下降，至2009年只监测到0.42亿尾。近年来，通过实施三峡水库生态，2010年监利江段卵苗径流量恢复到4.3亿尾。

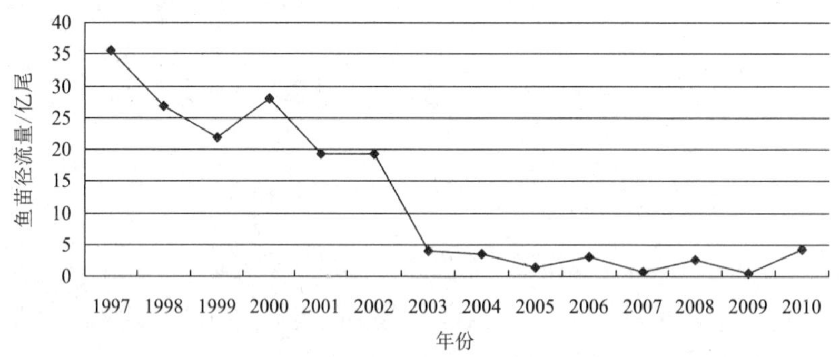

图3 监利四大家鱼资源量监测结果

3.2 促进四大家鱼自然繁殖的生态调度

为促进四大家鱼自然繁殖，在试验性蓄水阶段的2011—2015年，结合三峡水库上游来水条件，利用水库汛前加速消落时机，通过改变水库下泄流量过程，人工创造了适合四大家鱼产卵繁殖所需水文、水力学条件的洪峰过程，先后开展了6次试验性生态调度工作。

为监测三峡工程生态调度效果，相关部门在长江干流设置了宜都、沙市、监利3个监测断面，对鱼卵（苗）资源进行监测。监测结果表明，2011—2015年三峡工程连续5年的生态调度期间，均发现了四大家鱼的自然繁殖现象，监测结果见表2[19]，其中2014年与2015年数据来源于长江所未公布资料。

由表2可知，2011年6月16—19日，生态调度期间宜昌下游河段四大家鱼有一定规模的产卵，推算总卵苗数1.31亿粒（尾）；2012年5—6月，2次生态调度期间，宜都断面推算总卵苗数5.15亿粒（尾）；2013年5月7—16日，监测期间宜都江段、沙市江段、监利江段的四大家鱼卵苗总量分别达到 1.31 亿粒（尾）、1.18 亿粒（尾）、5.2 亿粒（尾）；2014 年 6 月 4—8 日，宜都江段、沙市江段四大家鱼卵苗总量分别达到 2.56 亿粒（尾）、926 万粒（尾）；2015 年 6 月 7—10 日，宜都江段、沙市江段、监利江段的四大家鱼卵苗总量分别达到 2.41 亿粒（尾）、1 583 万粒（尾）、698 万粒（尾）。

表 2　三峡工程 2011—2015 年试验性生态调度监测结果统计

时间	宜都断面 / 粒（尾）	沙市断面 / 粒（尾）	监利断面 / 粒（尾）
2011 年 6 月 16—19 日	鱼卵苗总量 1.31 亿	鱼卵苗总量 128 万	—
2012 年 5—6 月	鱼卵苗总量 5.15 亿	鱼卵苗总量 4.06 亿	—
2013 年 5 月 7—16 日	鱼卵苗总量 1.31 亿	鱼卵苗总量 1.18 亿	鱼卵苗总量 5.2 亿
2014 年 6 月 4—8 日	鱼卵苗总量 2.56 亿	鱼卵苗总量 926 万	—
2015 年 6 月 7—10 日	鱼卵苗总量 2.41 亿	鱼卵苗总量 1 583 万	鱼卵苗总量 698 万

由图 4 可以看出，四大家鱼产卵高峰期总是伴随着流量增大过程。流量增大即为涨水过程，流量加大，流速也相应加大，流速加大的过程会刺激成熟的家鱼，促进家鱼产卵排精。有研究表明，江水上涨后，经过一定的时间家鱼才开始产卵，其间隔的时间与流速的大小相关。流速越大，刺激产卵所需的时间就越短。宜昌产卵场，流速一般处于 1.5 ～ 2 m/s，涨水 12 ～ 24 h 即见产卵[20]。在 2015 年生态调度期间，流量从 6 900 m^3/s 增大到 19 800 m^3/s 的过程中，出现了家鱼产卵的峰值。

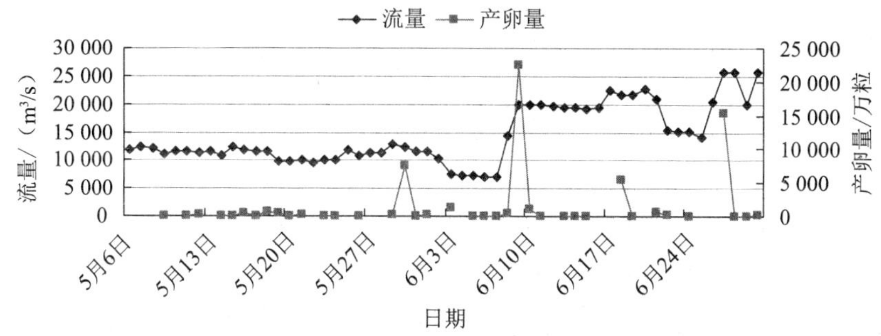

图 4　2015 年宜都江段四大家鱼产卵了与流量关系

综上所述，2011—2015 年三峡水库 6 次试验性生态调度过程中均发现了四大家鱼较大规模的自然繁殖现象，说明试验性生态调度对促进长江中游的四大家鱼自然繁殖具有一定的积极作用。

4　结语与讨论

四大家鱼资源利用和保护的效果与长江流域生态系统的健康密切联系，四大家鱼自然繁殖效果更是保护家鱼种质资源的关键环节，然而由于自然因素及人为因素，特别是大坝的截流和水温“滞冷”效应，使得长江中游江段 4—5 月水温明显降低，四大家鱼产卵的高峰期时间后推接近一个月。由于水温达到 18℃时间推迟，四大家鱼产卵日期的推迟，相应的涨水条件和天然情况下相比，已经发生了较明显变化，这种变化也将影响四大家鱼自然繁殖。适宜的生态水文情势及水流条件是四大家鱼大规模自然繁殖的必要条件，三峡水库通过生态调度试验，制造适宜四大家鱼产卵繁殖的水文水力学条件是非常必要的。三峡工程于2011—2015年开展了6次面向四大家鱼产卵繁殖的生态试验性调度，并且均监测到有较大规模的自然繁殖现象，说明了生态调度对促进四大家鱼自然繁殖、减轻工程调度运行的不利影响具有积极意义。

影响家鱼产卵的因素有亲鱼数量、合适的水温、涨水条件以及产卵场等，为有效缓解四大家鱼资源衰退趋势，2010年起农业部开展的家鱼亲本原种放流活动和2011年以来三峡水库生态调度工作，初步解决了繁殖亲鱼数量减少和家鱼自然繁殖中的涨水过程减弱的问题。但对于家鱼产卵场的相关研究工作尚未得到深入开展，目前多停留在定性描述方面。随着三峡工程的运行后清水下泄和长江中游河道整治工作的开展，长江中游已经存在的家鱼产卵场地形可能受到较大影响，产卵场范围缩小甚至消失，对产卵场地形和水动力特性进行细致研究，将能有效地指导产卵场修复工作。

参考文献

[1] 李思发，吴力钊，王强，等. 长江、珠江、黑龙江鲢、鳙、草鱼种质资源研究[M]. 上海：上海科学技术出版社，1990.

[2] 刘建康，曹文宣. 长江流域的鱼类资源及其保护对策[J]. 长江流域资源与环境，1992，1（1）：19-22.

[3] 刘绍平，邱顺林，陈大庆，等. 长江水系四大家鱼种质资源的保护和合理利用[J]. 长江流域资源与环境，1997，6（2）：127-131.

[4] 余志堂，周春生，邓中粦，等. 葛洲坝水利枢纽工程截流后的长江四大家鱼产卵场[A]// 中国鱼类学会. 鱼类学论文集（第四辑）[M]. 北京：科学出版社，1985：2-5.

[5] 易伯鲁，余志堂，梁秩燊. 长江干流草、青、鲢、鳙四大家鱼产卵场的分布、规模和自然条件[A]// 易伯鲁，余志堂，梁秩燊，等. 葛洲坝水利枢纽与长江四大家鱼[M]. 武汉：湖北科学技术出版社，1988.

[6] 长江四大家鱼产卵场调查队. 葛洲坝水利枢纽工程截流后长江四大家鱼产卵场调查[J]. 水产学报，1982，6（4）：287-305.

[7] Duan X B，Liu S P，Huang M G，et al. Changes in abundance of larvae of the four domestic Chinese carps in the middle reach of the Yangtze River，China，before and after closing of the Three Gorges Dam[J]. Environmental Biology of Fishes，2009，86（1）：13-22.

[8] 长江渔业资源管理委员会办公室. 长江三峡工程生态与环境监测系统渔业资源与环境监测重点站技术报告（2007—2009）[R]. 2009.

[9] 王尚玉，廖文根，陈大庆，等. 长江中游四大家鱼产卵场的生态水文特性分析[J]. 长江流域资源与环境，2008，17（6）：892-892.

[10] 余志堂，邓中粦，等. 葛洲坝水利枢纽兴建后长江干流四大家鱼产卵场的现状及工程对家鱼

繁殖影响的评价 [A]// 易伯鲁，等 . 葛洲坝水流枢纽与长江四大家鱼 [M]. 武汉：湖北科学技术出版社，1988：47-68.

[11] 柏海霞，彭期冬，李翀，等 . 长江四大家鱼产卵场地形及自然繁殖水动力条件研究综述 [J]. 中国水利水电科学研究院学报，2014，12（3）：249-257.

[12] 彭期冬，廖文根，李翀，等 . 三峡工程蓄水以来对长江中游四大家鱼自然繁殖影响研究 [J]. 四川大学学报，2012（S2）：228-232.

[13] 段辛斌，田辉伍，高天珩，等 . 金沙江一期工程蓄水前长江上游产漂流性卵鱼类产卵场现状 [J]. 长江流域资源与环境，2015，24（8）：1358-1365.

[14] 陈永柏，廖文根，彭期冬，等 . 四大家鱼产卵水文水动力特征研究综述 [J]. 水生态学杂志，2009，2（2）：130-133.

[15] 余文公，夏自强，蔡玉鹏 . 三峡水库蓄水前后下泄水温变化及其影响研究 [J]. 人民长江，2007，38（1）：20-22.

[16] 李建，夏自强，戴会超，等 . 三峡初期蓄水对典型鱼类栖息地适宜性的影响 [J]. 水利学报，2013，44（8）：891-899.

[17] 黄悦，范北林 . 三峡工程对中下游四大家鱼产卵环境的影响 [J]. 人民长江，2008，39（19）：38-41.

[18] 戴会超，张培培，董坤，等 . 面向四大家鱼繁殖需求的水库生态调控模拟研究 [J]. 水利水电技术，2014，45（8）：130-133.

[19] 陈进，李清清 . 三峡水库试验性运行期生态调度效果评价 [J]. 长江科学院院报，2015，32（4）：1-6.

[20] 曾祥琮，等 . 长江水系渔业资源：全国渔业资源调查和区划专集 [M]. 北京：海洋出版社，1990：1-281.

戛洒江一级水电站下泄水温对鱼类的影响

张　信[1]　乾爱国[2]　王鹏远[3]　汪青辽[1]　安广楠[4]　葛德祥[4]

（1. 中国电建集团昆明勘测设计研究院有限公司，昆明 650051；2. 中国水利水电科学研究院，北京 100038；3. 中国长江三峡集团公司，北京 100038；4. 环境保护部环境工程评估中心，北京 100012）

摘　要：大型水库的建成与投产，为我国的现代化建设提供了巨大的经济效益和社会效益。同时，大型水库特别是调节性能好的水库由于大量水体的蓄积，使水库在沿水深方向出现了有规律的水温分层现象。戛洒江一级水库为温度成层型水库，为减免下泄低温水对下游河流环境的负面影响，电站进水口拟采用多层进水口叠梁门方案。通过与传统的单层（底层）进水口下泄水温的对比，进水口控制下泄低温水的效果明显，下泄水温对鱼类的影响不大。

关键词：水电站；水温分层；低温水；鱼类影响

大型水库的兴建，对水资源的合理开发利用及当地的经济和社会发展具有重要意义，同时由于水库的蓄水会使库区水流速度变缓，水深增大，导致水温结构的变化，形成水库水温的分层结构，这种水温分层结构一方面会引起原有水体在物理性质、化学性质、水生生物特征和分布上的变化；另一方面，又会使下泄低温水影响坝下河道鱼类生活和繁殖，以及受灌农作物的生长。水库的建设所带来的影响，既有正面的，也有负面的[1-7]。因此，了解戛洒江一级水电站水库形成过程中水温的变化规律，预测水库形成后水温的结构特点，设计有效的低温水效应减缓措施，对水利水电工程和生态保护的和谐发展具有重要意义。

1　工程概况

红河（元江）是云南省及我国西南地区最主要的国际河流之一，发源于云南省大理州巍山县哀牢山东麓茅草哨，自西北向东南流经巍山、南涧、元江、红河、河口等 13 个县（市），在河口县出国境流入越南，最终于红河三角洲注入北部湾。干流全长 1 200 km，

作者简介：张信（1980—），男，湖北黄陂人，高级工程师，硕士，主要从事环境影响评价及环保设计工作。E-mail: 59152016@qq.com。

落差 2 580 m，流域面积 13.68×10^4 km^2。干流国内部分全长 692 km，落差 2 510 m，流域面积 3.46×10^4 km^2。

戛洒江一级水电站是红河（元江）干流梯级综合规划十一级开发方案的“龙头”水库，坝址位于云南省玉溪市。工程任务以发电为主，兼顾下游综合用水要求，电站建成后可发展库区航运，促进地区旅游业的发展。电站采用堤坝式开发，水库正常蓄水位 675 m，死水位 640 m，总库容 17.74×10^8 m^3，调节库容 8.22×10^8 m^3，具有年调节能力。电站总装机容量 27 万 kW，多年平均发电量 10.84 亿 kW · h。

2 戛洒江一级水电站下泄水温预测

戛洒江一级水电站下泄水温计算模型采用获美国环保局推荐、目前在美国水环境研究领域应用最广泛的环境流体动力学模型 EFDC。该模型可以对河道、水库、湖泊和河口海岸等各种水体系统的水动力学（包括温度、盐度）、泥沙、水质等问题选择性地进行模拟研究。经过 20 多年的发展，该模型已成为世界上应用最广泛、技术最可靠的水动力学模型之一。模型垂向上使用可伸缩 σ 坐标，水平方向上使用 Cartesian 坐标或曲线正交坐标系统，求解变密度水体的三维、垂向静水假定、自由表面、紊动平均的动力方程。在求解水体温度时与紊动能量及紊动长度双输移方程动态耦合。EFDC 模型的物理描述及主要数值方法与广泛应用的 Blumberg-Mellor 模型和美国陆军工程兵团 Chesapeake Bay 模型是一致的。

戛洒江一级水电站水库正常蓄水位为 675 m，坝高 175.5 m，水库总库容 17.74 亿 m^3，坝前壅水高约 120 m，具有年调节性能，经计算，本水库 α 值为 2.3，水库的水温结构为分层型，β 值为 0.26，一次洪水对水温分层的影响不大，计算得 Fr 值为 0.05，小于 0.1，结果也为分层型水库。水温计算模型采用环境流体动力学模型 EFDC，以水库正常蓄水位 675 m 库区范围作为数模边界建立库区数值模型。划分网格方案为：坝前及支流入汇处网格适当加密，最小网格长度约 90 m、宽 40 m，坝前垂向网格高约 5 m。库区天然河道的水力验证：收集了戛洒江一级电站库区河段 2007 年 3—4 月的水位、流量数据，对建库前模拟河段的水力特性进行了验证。验证后库区糙率系数 n 取 0.015，水流水平方向涡黏性系数取值 5 m^2/s。除用二滩资料对水温模型进行了验证，还对收集到的库区天然河道情况下的水温资料进行了验证，并由此给出坝址天然水温。验证后的水温模型参数，湍流参数按照常规取值给定；水平横向和纵向温度扩散系数取值 10 m^2/s；垂向扩散按照数学模式计算得出，其中水温向内层水体传热模式中，快尺度衰减系数 β_f 取 0.02，慢尺度的衰减系数 β_s 取 0.0，分配系数 r 取 0.3。

电站采用岸塔式进水口，底板高程 620.00 m，塔顶与坝顶同高为 684.5 m，塔身尺寸（长 × 宽 × 高）28.35 m×30 m×70 m。工程拟采用三节叠梁门设计方案，闸门孔口尺寸 4.5 m×24.9 m（8.3 m×3）。设计平水年，不同取水案下泄水温与天然水温比较见图 1。单层取水下泄水温较天然水温下降 0.9 ～ 4.4℃，最大值为 7 月，降低 4.4℃，叠梁门取水下泄水温较天然水温下降 0.3 ～ 1.1℃，最大值为 7 月，降低 1.1℃，全年平均单层取水下泄水温较天然水温降低 0.9℃，而叠梁门取水全年平均降低 0.3℃。

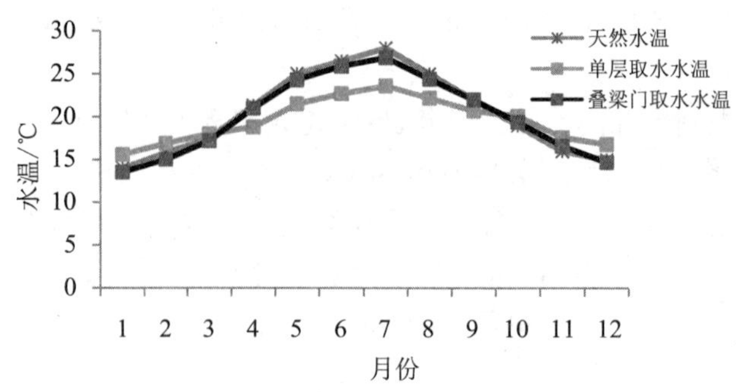

图 1 设计平水年不同取水案下泄水温与天然水温比较

3 下泄低温水对鱼类的影响

根据历史资料和多次调查结果，记录到的红河（元江）干流水系的鱼类共 6 目 19 科 104 种，其中，戛洒江一级库尾至桥头电站坝址区域为红河（元江）的上游流域共有鱼类 53 种，分属于 6 目 15 科。其中鲤形目种类最多，共 4 科 31 种，占上游区域鱼类总数的 58.5%；鲇形目有 4 科 10 种，占上游区域鱼类总数的 18.9%。工程所在河段没有国家级、云南省级珍稀保护鱼类，其中有红河（元江）特有鱼类 7 种：大斑南鳅、美斑南鳅、红鲃、四斑纹胸鮡、红河纹胸鮡、间棘纹胸鮡、平吻褶鮡等。干支流主要渔获物为横纹南鳅、棒花鱼、红河纹胸鮡和四斑纹胸鮡等。上游区域以石砾型产卵场为主，适宜产卵的种类有纹胸鮡、褶鮡、爬鳅、华吸鳅、原缨口鳅等，环境条件为多峡谷江段，河谷较坝上江段宽，河道落差较小，滩潭交替，水流缓急相间，河道中的心滩、卵石滩和沙滩增多，主要为急流性产黏沉性卵的鱼类在此繁殖。产卵的鱼类需要沙砾石的底质，产卵的季节集中在 3—6 月，天然情况下繁殖时天然水温在 17 ～ 27℃。

设计平水年下泄水温在 13.5 ～ 26.9℃（天然水温在 14 ～ 28℃），温度变化跟天然水温相比在 –1.1 ～ 0.6℃，普通鱼类生存适宜水温范围一般是 12 ～ 33℃ [8]，戛洒江下泄水温在鱼类生存适宜水温之内，对该河段的鱼类生存影响很小；繁殖期下泄水温在 17.2 ～ 25.9℃（天然水温在 17.5 ～ 26.5℃），比天然水温低 0.3 ～ 0.7℃，下泄低温水将使鱼类产卵期略有推迟（预计不到 1 周的时间），总体与天然情况差别不大。

水库下泄的低温水，对鱼类直接影响是导致繁殖季节推迟、当年幼鱼的生长期缩短、生长速度减缓、个体变小等问题发生。如余志堂等的研究表明 [9]，丹江口水利枢纽兴建以后，由于坝下江段水温降低，导致该江段鱼类繁殖季节滞后 20 天左右，当年出生幼鱼的个体变小、生长速度变慢，对比建坝前后冬季的数据，该江段草鱼当年幼鱼的体长和体重分别由建坝前的 345 mm 和 780 g，下降至建坝后的 297 mm 和 475 g。

4 结语

水库下泄水温相对河流天然水温的变化，对于河流中土著鱼类的繁殖、生长带来的影响程度，依生物种类或个体对温度的敏感性会有不同。戛洒江一级水库的水温结构为分层型，从水温改善效果的角度分析，叠梁门分层取水方案在一定程度上减轻了低温水的负面影响，下泄水温在鱼类生存适宜水温之内，与天然情况差别不大。水温变化对于鱼类的繁殖影响的量化，需结合具体生物对象和工程运行以后实测水温开展进一步研究。

参考文献

[1] 戴会超，庞永祥．三峡工程与长江中下游生态环境 [J]. 水力发电学报，2005，24（4）：26-30.

[2] 王煜，戴会超．大型水库水温分层影响及防治措施 [J]. 三峡大学学报：自然科学版，2009，31（6）：11-14.

[3] 张陆良，孙大东．高坝大水库下泄水水温影响及减缓措施初探 [J]. 水电站设计，2009，25（1）：76-78.

[4] Han B，Armengol J，Carlos Garcia J，et al. The thermal structure of Sau Reservoir (NE: Spain) : a simulation approach[J] . Ecological Modelling，2000，125（2000）：109-122.

[5] 隋欣，杨志峰．龙羊峡水库蓄水对水温的净影响 [J]. 水土保持学报，2004，18（4）：154-157.

[6] Chao AC，Chang DS，Smallwood JC，et al. Influence of Temperature on Oxygen Transfer[J]. Journal of Environmental Engineering，1987，113（4）：722-735.

[7] 王颖，臧林，张仙娥．河道水温模型及糯扎渡水库下游河道水温预测 [J]. 西安理工大学学报，2003，19（3）：235- 239.

[8] 龙华．温度对鱼类生产的影响 [J]. 中山大学学报：自然科学版（增刊），2005，6.

[9] 余志堂．汉江中下游鱼类资源调查以及丹江口水利枢纽对汉江鱼类资源影响的评价 [J]. 水库渔业，1982，1：2-13.

六、水温影响减缓措施研究

减缓水电工程水温影响的调控措施

薛联芳[1] 顾洪宾[1] 冯云海[2]
（1. 水电水利规划设计总院，北京 100011；2. 中国电建集团中南勘测设计研究院有限公司，长沙 410014）

摘 要：在调查分析国内外水库及下泄水温调控措施分类、特点及其适应性的基础上，结合大型水电工程高坝大库、大流量、深取水的要求，介绍了大型水电工程水温影响调控工程措施应用实践，提出了今后分层取水建筑物设计研究建议。

关键词：水电工程；水温影响调控；分层取水

1 前言

根据水电工程水库成层特性，水库水温可分为分层型、过渡型、混合型三种。调节性能较好的水库多为分层型水库，即水库内水的温度、浊度和水质分层分布。水库水温分层及其引起的下游水温、水质变化，对水库下游鱼类生长繁殖和供水水质带来影响。水库下泄水温调控措施旨在采取分层取水等工程措施或生态调度等管理措施减缓水库下游水温变化对水生生态和供水水质的影响。

美国 20 世纪 30 年代成立田纳西流域管理局时，就已开始重视水库水温及其影响的问题，并对水温进行了系统的监测工作，40 年代就有少量表层取水结构出现。20 世纪七八十年代日本相继出现了不少多节式表层取水设施（如真名川、寺内、下久保、草术、藤原、川治、定山溪等），而且被国际大坝会议环境特别委员会作为典型模式推荐。我国在 20 世纪七八十年代灌溉水库建设时，也十分重视改善水库下游水温的措施，设计并建设了许多分层取水设施，如早期的斜涵天桥盖板分层取水（如枫溪、山南水库）、平面多层闸门取水塔（如云江、冷家沟、总岗山水库）、圆筒多节式表层取水设施（如升钟、扬角坝、刘兰、大龙洞水等）等，主要用于规模较小、对水温有要求的灌溉水库[1-8]。近年来，随着国内一些高坝大库在大江大河上相继开工建设或已经建成投产，部分调节性能好的高坝大库，其下泄的低温水将对下游水质和水生生物带来显著影响，相关监管部门和建设单位对此非常重视，按照相关法规的规定和要求，开展了大型分层取水设施设计和建

作者简介：薛联芳（1964—），男，福建上杭县人，教授级高级工程师，主要从事水电工程环境保护与水土保持工作。

设，例如，已建成的光照、滩坑、糯杂渡、溪洛渡、锦屏一级等水电站等分层取水建筑物，正在建设的白鹤滩、溪洛渡、双江口、两河口等大型水电站分层取水建筑物，要求研究采取有效措施提高下泄水温。

2 水温恢复与调控措施的分类特点和选型原则

2.1 水温恢复与调控措施的分类特点

根据国内外实践经验，改善水温的措施可分为五个方面：

（1）合理设置取水口进行分层取水。目前，水库分层取水设施型式大致可分为四大类：多孔式、分节式、铰链式和虹吸式。按外形不同，多孔式还可分为斜卧式、塔（井）式。多节式可分为平面式、半圆筒式、圆筒式。此外，还可按启闭方式和动作原理，分为人工启闭、电气自动、浮式和自动翻板；按控制方式，分为手动控制、水力自动控制和机械控制。根据实践应用情况来看，只有多孔式和分节式分层取水设施用于大中型工程，铰链式和虹吸式等其他型式的分层取水设施只能用于小型工程。

（2）水温控制幕。水温控制幕是在取水口前布置一道隔水幕墙，通过幕墙可以实现挡住不适宜温度层的水，放流所需温度层的水。水温控制幕墙设计与安装都较为简单、费用也较低，且后期维修费用低。而且在以后的水温调控中，可以根据水温需求来重新布置，特别适用于对已建工程的生态修复改建。目前，在国外以生态修复为目的的工程改建措施中，水温控制幕使用比较多，如美国加利福尼亚州的 Trinity 流域与 Sacramento 流域的水利工程中就大量使用了这种结构。在日本，这种控制幕曾被安装在水库表层（水下约 5 m），用来有效地阻止水库表层蓝藻的蔓延。

（3）破坏取水口附近的温跃层。这种措施在国外有研究和实践，其原理是在取水口前面的一定范围内，用动力搅动或向深层输气，促进水库水体的上下对流，破坏水温的分层结构，从而提高水库底层水温。这种方法仅限于小型工程，美国、英国采用过这种方法，效果不错，目前仍在研究中。

（4）生态调度。这是近年来国内外实验研究的主要管理措施，是水库水温调控最经济有效的方法。通过对水库的流量进行调节可以有效地消除温跃层；对于已建大坝，合理的泄洪调度能有效地提高下泄水流的水温。大型水电工程一般设有多种泄水方式，考虑到库区水温在夏季会有分层现象，多利用表层的泄水建筑物（如溢洪道、表孔等）将有助于提高下泄水温。

（5）延长渠道或设置晒水池。对于具有灌溉功能的水库，从水库中泄放的低温水，流入渠道一定流程后，水温的高低与出库水温、流量、渠道长度、气温有很大关系。通过延长流程，可充分接受日晒，提高灌溉用水水温。

2.2 水温恢复与调控措施的选择

第一，要求取水效果好，能最大限度地取到表层水；第二，要方便管理，运行安全；第三，要考虑到制作、运输、施工等方面的问题；第四，在结构布置上要力求紧凑，与其他建筑物能协调统一；第五，结构新颖，技术先进，投资省。

3 大型水电工程水温影响调控工程措施

3.1 大型水电工程水库运行特点

（1）高坝大库

大型水电工程往往对应高坝大库，特别是一些龙头水库，水深达 200 多 m，库容巨大，调节性能好，对水温影响大，有的水库夏季库表库底水温相差达十几摄氏度，春夏季出库水温低于天然河流水温，秋冬季出库水温则相反。

（2）取水流量大

大型水电工程装机容量大，单机额定引用流量大，例如，三板溪、两河口水电站单机引用流量分别为 216 m^3/s 和 245 m^3/s，白鹤滩、乌东德水电站更高达 548 m^3/s 和 691 m^3/s，大流量取水对取水建筑物型式、规模、布置和设计参数要求高。

（3）水位变幅大

多数大型水电工程水库水位变幅大，特别是调节性能好的龙头水库，水位变幅大多在 50 m 以上，例如，三板溪、光照水电站水库水位变幅分别为 50 m 和 60 m，两河口水电站高达 80 m，巨大的水位变幅要求超高超大型的取水建筑物。

3.2 大型水电工程水温调控工程措施

针对大型水电站高坝大库、取水流量大、水位变幅大的特点，取水建筑物规模大、结构复杂、运行要求高，同时要具备分层取水作用的取水建筑物，要求高，难度更大。从目前工程实践来看，主要有多孔式、分节式分层取水设施和水温控制幕。

（1）多孔式分层取水措施

在取水范围内设置标高不同的多个孔口，取水口中心高程根据取水水温的要求设定，不同高程的孔口通过竖井或斜井连通，每个孔口分别由闸门控制。运行时可根据需要，启闭不同高程的闸门，达到分层取水的目的。其结构简单，运行管理方便，安全可靠，操作简单，工程造价较低。这种型式的分层取水设施可用于引用流量较小的工程，例如，四川省汉源县永定桥水库和浙江温州泽雅水库工程，根据水库水温分层规律和灌溉用水要求，采取 3 层取水布置方案。多孔式分层取水设施也可用在引用流量较大的工程中，如日本的横山水库、美国 Oroille 水库等，其缺点是不能连续取得表层水。

（2）多节式分层取水措施

多节式分层取水设施由取水塔、取水闸门等结构物组成。依据库水位变化，随时调节闸门总高，以保持一定的取水深度，连续地取得表层水，但为取得一定的引用流量，闸门顶溢流水深较大，也会在一定程度上影响表层取水的效果，而且需要较高的运行管理水平。多节式表层取水设施有三种结构布置型式：平板多节式、圆筒多节式和半圆筒多节式。

1）平板多节式

平板多节式是由一个过水竖井、隔水门组成、过水竖井位于输水道的首部，竖井顶部设启闭塔，沿竖井两侧设三道闸槽，安置隔水门，取水时，随着水位的下降，相继提升隔水门，隔水门仅起隔水作用，流量由输水道出口工作闸门控制。其优点是：制作工艺简单，施工方便，检修容易，造价相对较低。平板多节式分层取水设施根据闸门及其运行方式的不同，有浮式板型、多层水力自动翻板型、叠梁门型等。浮式板型、多层水力自动翻板型结构简单，使用范围广，在中小型水库中均能适用，因此，早期在国内受到普遍的推广；叠梁门型可适用于大、中、小型工程，在光照、溪洛渡等大型水电工程中采用。

叠梁门分层取水设施在常规进水口拦污栅与检修闸门之间设置钢筋混凝土隔墩，隔墩与进水口两侧边墙形成从进水口底板至顶部的取水口，各个取水口均设置叠梁门。叠梁门门顶高程根据满足下泄水温和进水口水力学要求确定，用叠梁门和钢筋混凝土隔墩挡住水库中下层低温水，水库表层水通过取水口叠梁门顶部进入取水道。例如，光照、滩坑、溪洛渡、锦屏一级水电站分出去水设施。其优点是适用于不同取水规模的工程，可以根据不同水库水位及水温要求来调节取水高度，运行灵活。缺点是大型深水水库分层取水叠梁门众多，有的甚至多达几百节，运行调度十分复杂。

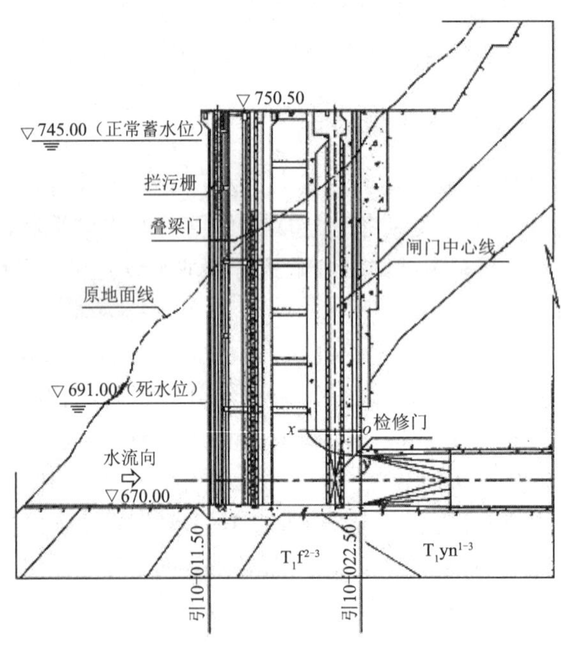

图1　光照水电站叠梁门型分层取水建筑物剖面图

2）半圆筒式

半圆筒取水闸门由多节同心半圆形拱形门叶组成，拱形门叶由面钣、拱横接而成，拱横梁按两固定铰进行设计。半圆形钢筒套叠在一起从上至下由小到大排列，随水位的升降而伸缩，以取到表层水。当水库水位变化时，筒顶水深也随之变化，这时启闭系统配置的自动跟踪装置发出信号，控制套筒升降，当水库水位已下降至表层取水范围的下限值时，闸门已完全套叠在一起，这时将套筒全部同时提起，就能取到最下一层套筒所隔离的水。这种取水方案流态简单，整个表层取水过程都是薄壁堰流或实用堰流，所需控制的是筒内外水头差、进口行进流速和筒内流速，这些因素相互影响，是决定整套取水装置尺寸的基本参数。但是，半圆筒取水闸门对制作工艺、运输和安装要求较高，若不能达到较高的圆度要求，稍有变形，运行时容易发生卡阻，不能自由伸缩。当水头较高，而套筒无法收缩时，会出现水头差过大，甚至空筒，从而造成套筒失稳破坏。国内还采用该型式分层取水的大型水电工程，美国俄马水电站分层取水系统，设计利用现有的拦污栅墩，在进水口前缘安装三个独立的半圆形闸门，每扇闸门都可以自由升降，相互配合，达到分层取水目的。

3）圆筒式

圆筒式分层取水装置由多节圆筒形门叶组成，其结构类似电视机上的拉杆天线，为使闸门伸缩自如，每节门叶均需焊接悬臂杆，杆端安装主滚轮或滑瓦，以使圆筒闸门沿埋设在取水塔上的主轨上下行走。从现有设备的理论构成和构造来看，有吸入式和溢流式两大类，各有所长。从工程规模来看，其取水流量从不到 1 m^3/s 至每秒数十立方米。如日本 1963 年建成的岩手县仙人发电所圆筒闸门，取水流量达 60 m^3/s，利用水深 21.5 m，取水深 3.0 m，由五节圆管构成，直径 5.3 ～ 6.5 m。1966 年建成的羽幌水库圆筒闸门，取水流量仅 1.0 m^3/s，利用水深 17.75 m，取水深 0.4 m，由三节圆管构成，直径仅 0.5 ～ 0.65 m。从闸门的升降方式看，有机械式和浮动式两种，机械式利用固定式启闭机通过联系构件与圆筒相连，用启闭机提升筒体，靠自重下降；浮动式把第一节圆筒悬挂在一个像盘子形的浮子上，靠浮子的浮力支持，使筒首喇叭口随库水位变化而升降，保持固定的取水深度。一般来说，多节式取水设备多，投资大，管理较复杂，但安全稳定性高，能适用于深水大型取水建筑物。这种取水设施已被国际大坝会议环境特别委员会作为典型模式推荐。在我国，20 世纪 80 年代才开始设计了几个圆筒多节式表层取水设施，如升钟、扬角坝、刘兰、大龙洞等，但流量均不超过 20 m^3/s。

（3）隔水幕墙

隔水幕墙的原理与水温控制幕相同，所不同的是它可以脱离大坝，在坝前一定距离水面以下布置隔水幕墙，以隔水幕墙方式阻断温跃层和底部恒温层的水体流向坝前，将低温水阻挡在隔水幕墙前一定位置，同时在电站进水口泄流的带动下，表层温度较高的水体快速翻越幕墙，流入电站进水口，实现下泄水体水温的提升。隔水幕墙位置的选择应主要考虑提高水温的效果，不影响通航，便于施工。由于大型水电工程坝前断面巨大，同时还面临洪水泥沙的考验，到目前为止，还没有具体成功的工程实践，中南院结合三板溪水电站低温水治理，正在开发研究该方案在三板溪水电站的应用。

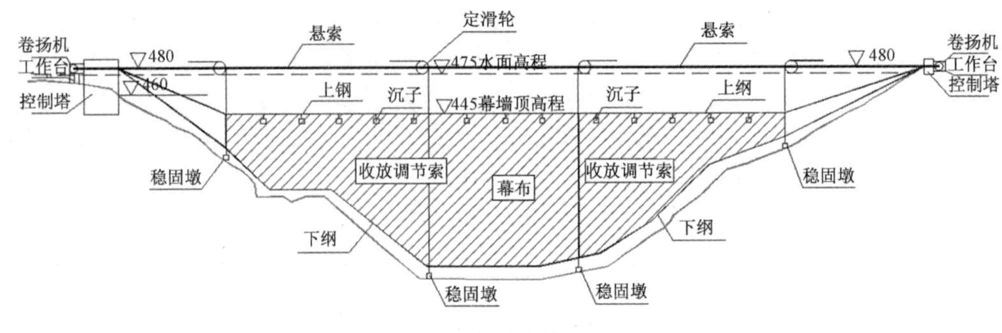

图 2　隔水幕墙整体形式

4　存在的问题及建议

4.1　加强水库及下泄水温的观测研究

以往，国内外对已建的水库水温做了观测研究，但由于影响水库及下游水温分布的因素较多，特别是地理位置、气候、工程特性、运行方式等，这些观测研究不能完全反映我国西部水电水库水温变化规律，需要加强观测研究。以既有水库水温监测和水文站长期水温观测资料为基础，结合典型流域天然河流水温变化和典型工程水库水温结构及其下游水温变化分析，总结天然河流水温变化和水库及其下游水温变化规律和影响因素。结合取水口分布及运行调度方式，分析探讨出库水温与水库坝前水温分布的关系，为水电工程环境影响评价环境保护设计提供技术依据。

4.2　开展叠梁门分层取水运行效果调查研究

近几年，国内大型水电工程分层取水基本采用叠梁门方案，有的已建成投产，有的还在建。应尽快开展大型水电工程分层取水及其措施效果调研，调查分层取水建筑物设计、试验、建设、运行过程及其效果、存在的问题，调查分析采取水温影响减缓措施后水库及下游水温变化；分析生态调度等非工程措施对下泄水温的影响。探讨各种水温影响缓解措施的经济性、适应性、有效性，提出针对大型深水水库水温影响缓解措施规划设计和运行建议，为水库水温影响缓解措施的设计和运行提供技术支撑。

4.3　加快隔水墙分层取水方案工程应用设计研究

从初步调查研究来看，隔水墙分层取水方案不仅适用于尚未建设的水库工程，还可用于已建工程的改造，可提高电站下泄水温 2 ～ 5℃，效果显著。但是，还存在材料的寿命、防泥沙淤、抗洪水冲击等问题，对于已建工程，实施过程中还存在水下安装稳固墩以及稳固墩的定位难度极大、运行安全等问题，需要：

（1）根据力学物理模型试验提供的基础数据，进行隔水幕墙稳固墩、悬挂系统和幕墙自身的强度验算和稳定性分析，优化幕墙整体结构形式。

（2）探究其他适应三板溪隔水幕墙工程的稳固墩锚固形式和定位技术，保证稳固墩安装定位准确，而且在运行过程中安全牢固。

（3）在保证隔水幕墙整体结构稳定的前提下，探究隔水幕墙分幅安装、分幅运行的方法，实现幕墙分块操作、协同工作的理念，达到安装方便，局部破坏局部置换的效果。

参考文献

[1] 吴莉莉，王惠民，吴时强 . 水库的水温分层及其改善措施 [J]. 水电站设计，2007，23（3）：97-100.

[2] 吴建军，吴东利，罗畅，等 . 永定桥水库水温预测及分层取水设计 [J]. 华北水利水电学院学报，2007，28（5）：11-13.

[3] 常宗滨 . 磨盘山水库枢纽金属结构的布置与设计 [J]. 黑龙江水利科技，2009，3：29-30.

[4] 张迈，许方安 . 斜坡竖井式新型分层取水口设计 [J]. 浙江水利科技，2003，2：30-32.

[5] 薛联芳 . 基于下泄水温控制考虑的水库分层取水建筑物设计 [J]. 中国水利，2007，6：45-47.

[6] 刘欣，陈能平，肖德序，等 . 光照水电站进水口分层取水设计 [J]. 贵州水力发电，2008，22（5）：33-35.

[7] 杜效鹄，李岳军 . 俄马水坝分层取水系统改建设计和运行分析 [J]. 水力发电，2009，35（4）：14-18.

[8] 齐远东 . 寒地水稻井水增温灌溉技术 [J]. 现代农业科技，2009，1：6-7.

光照水电站叠梁门分层取水措施效果观测实践与方法探讨

陈国柱　陈栋为　王志光　范欣柯

（中国电建集团贵阳勘测设计研究院有限公司，贵阳 550081）

摘　要：针对国内最先建成叠梁门分层取水措施的光照水电站，结合其运行特征制定了分层取水效果观测方案并予以实践，通过坝前不同高程观测、两个引水洞叠梁门不同高程对比观测、下游尾水观测、发电进水钢管水温监测等方式与组合，探索分层取水措施效果观测的技术方法，分析了观测成果对光照水电站叠梁门的运行效果的反映情况，初步总结了目前观测手段存在的困难与不足，提出了后续优化建议。

关键词：叠梁门；分层取水；水温观测；光照水电站

由水库水温分层产生的不利生态环境影响已经得到业界的普遍重视，如何调控水库的下泄水温、减缓对下游生态环境的不利影响，是当今水库水温研究中亟待解决的核心问题，分层取水作为调控下泄水温、减缓下游水生态影响的有效措施，在国内外有较多研究成果和应用实践 [1-5]，水电站设计通过调整优化取水建筑物的形式，保证取水口在不同工况下均能取到上层水，减轻下泄低温水的不利环境影响。

叠梁门取水作为常用的低温水影响减缓工程措施，在国内外水利水电工程中均有大量的应用实例和成熟的经验 [7-11]，然而在国内研究及工程实践并不多，光照水电站的叠梁门分层取水结构是目前国内最典型分层取水措施之一，电站建成运行后，我公司根据叠梁门运行特征开展库区及坝下水温观测，并多方面收集了有关水温观测数据，对下泄水温的变化特征作了分析，结果表明，光照叠梁门建成运行以来，有效减缓了其下泄低温水对北盘江干流水温的影响 [12-13]。

根据目前光照水电站水温监测情况，存在坝前水温、坝体水温、进水口水温以及尾水等水温监测点，其监测数据不尽相同。本研究通过不同观测方式的水温观测结果以及叠梁门不同高程的运行组合对比，探索分层取水措施效果观测的技术方法，分析观测成果对光照水电站叠梁门的运行效果的反映情况，总结了目前观测手段及叠梁门运行调度

作者简介：陈国柱（1962—），男，江西省大余县人，教授级高工，学士，主要从事环境影响评价与环境保护工程设计工作。E-mail:2779408129@qq.com。

存在的困难与不足，提出了后续优化建议。

1 光照水电站叠梁门分层取水措施概况

1.1 光照水电站工程概况

光照水电站位于贵州省关岭县和晴隆县交界处（东经 105°15′00″，北纬 25°37′34″），电站于 2003 年 5 月开工，2007 年 12 月下闸蓄水。水库位于红水河上游左岸的最大支流北盘江上，控制流域面积 13 548 km^2，多年平均年径流量 $81.1\times10^8\ m^3$，年最大洪峰流量均值约 3 540 m^3/s，一天洪量均值约 2.66 亿 m^3，三天洪量均值约 5.95 亿 m^3，1 000 年一遇洪峰流量约 10 400 m^3/s，多年平均流量 257 m^3/s。

光照水电站为不完全多年调节型水库，正常蓄水位 745 m，死水位 691 m，正常蓄水位下水库面积 51.54 km^2，总库容 $32.45\times10^8\ m^3$，正常蓄水位以下库容 $31.35\times10^8\ m^3$，调节库容 $20.37\times10^8\ m^3$，死库容 $10.98\times10^8\ m^3$。水库长度为 69.06 km，平均宽度 0.75 km，平均深度 55 m。

光照水库大坝为碾压混凝土重力坝，坝高 195.5 m，坝顶高程 750.5 m，坝顶长度 410 m。溢洪道型式为坝身敞开式，堰顶高程 745 m。发电引水隧洞进口型式为 6 孔叠梁门后置分层取水，底板高程 670 m。

1.2 叠梁门布置方式

叠梁门分层取水方案是在原单层进水口结构上增加布置一道钢筋混凝土墙，墙上开设从进水口底板至顶部的取水孔。根据水库运行水位变化情况或下游水温的需要，提起或放下相应数量的叠梁门，从而达到引用水库表层高温水，提高下泄水温的目的。

光照水电站是国内最先建成叠梁门分层取水措施的电站，取水建筑物设六孔叠梁门后置分层取水，见图 1，在原单层进水口的基础上向上游延长 11.5 m，主要由直立式拦污栅、叠梁闸门、喇叭口段、检修闸门段等组成。进水口底板高程 670 m，顶部平台高程 750.5 m，沿进水口中心线设钢筋混凝土隔墙将进水口分为 1# 和 2# 两个相对独立的对称的进水室，形成 6 个高程 670 ～ 750.5 m 的取水口，每个取水口宽度为 7.5 m，取水口内布置叠梁钢闸门，叠梁门分为 20 节，每节门高 3 m，最高门顶高程 730 m，底槛高程 670 m，水库表层水通过取水口叠梁门顶部进入取水道，门顶最低运行水深 15 m。

1.3 叠梁门运行调度

叠梁门操作采用 2×320 kN 门机启闭，根据叠梁门设计要求，水库水位的涨落情况控制叠梁门的启闭，在鱼类产卵繁殖期保证叠梁门门顶水深控制在 15 ～ 18 m，当叠梁门门顶水深小于 15 m 时，则提起一节叠梁门，当门顶水深大于 18 m 时，则放下一节叠梁门。

根据开展水温观测的时间，2009—2014 年，选择了 2 个叠梁门调度的典型代表时段，分别为光照水电站 2009—2010 年试运行期间，以及 2014 年电站运行期水温分层明显且下游水生态系统对水温较敏感的时段。① 2009—2010 年试运行期间，光照电站叠梁门虽

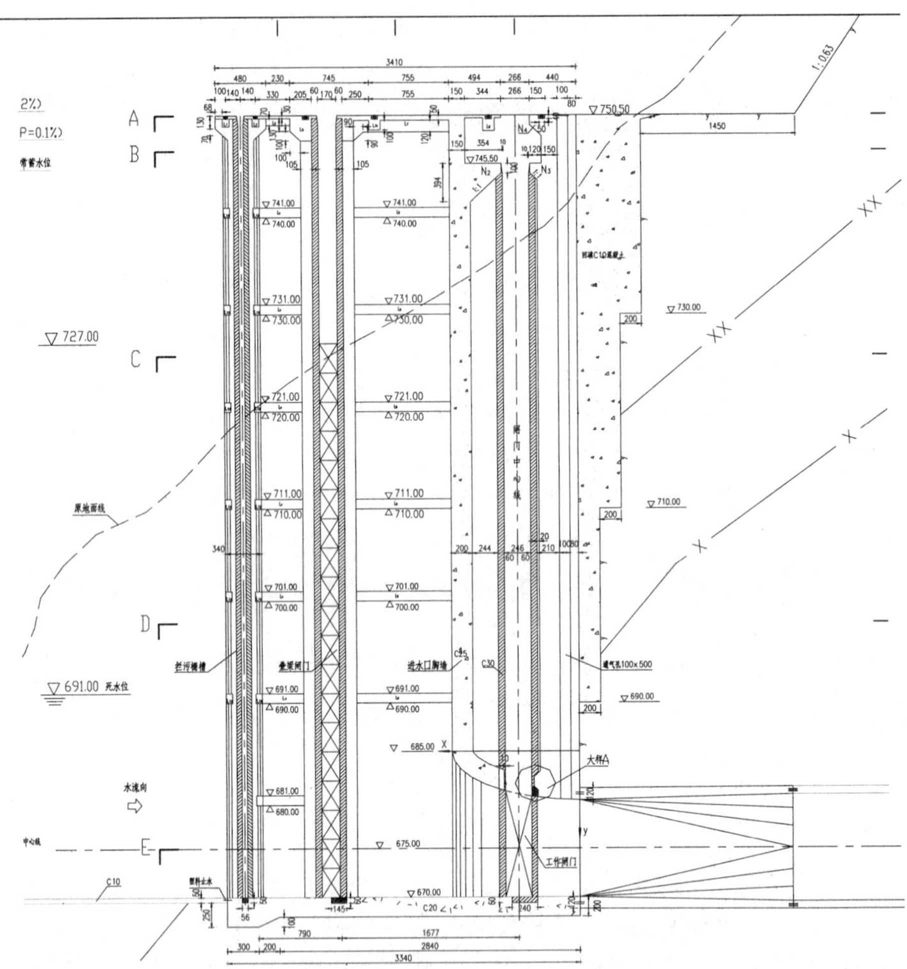

图 1 光照水电站进水口剖面

投入使用，但由于叠梁门的运行管理尚存在一定困难，实际叠梁门运行时平均取水水深约为 37 m，未能保证取水深度在 15 ～ 18 m，且两个叠梁门高程不同，对应机组发电流量也有差别，使得厂房尾水为坝前不同高程的混合水，因此下泄水温也为混合后的水温。② 2014 年运行期间，叠梁门调度主要集中在 3—5 月的鱼类产卵期。考虑到叠梁门提起过程十分缓慢，单块叠梁门提起过程近 2 h，时值汛前水位下降较快，为防止出现门顶水深小于 15 m 而影响结构设备安全，电站将叠梁门平均取水水深控制为 21.52 m 左右，尽量接近设计要求的保证取水深度在 15 ～ 18 m 运行工况。

2 分层取水效果观测方案

根据光照水电站试运行和运行期典型时段的叠梁门调度和同期开展的水温观测情况，同时利用枢纽结构及设备预先埋设的温度探头记录资料，制订了以下 4 种分层取水效果观测方案。

（1）坝前垂向＋坝下尾水人工观测

人工检测断面设置在坝前 1 km 和电站尾水处，于 2009 年 9 月、2009 年 12 月、

2010 年 3 月、2010 年 7 月对坝前水温共进行了 4 次监测。坝前中部位置布置 1 根垂线，在进水口附近布置 3 根垂线，观测范围为库表以下 0.5 m 至库底，每隔 5 m 设置 1 测点，当相邻测点温差超过 0.5℃时对测点进行加密。

（2）坝前垂向＋坝下尾水在线观测

光照水温在线自动监测断面设置在坝前 1 km 按高程 645 m、662 m、668 m、675 m、680 m、685 m、690 m、707 m、715 m、721 m、730 m、735 m 布设 12 个探头。距离电站尾水 1 km 处，适合安装水温传感器和遥测仪的断面上，安装水温自动观测设备，进行水温自动连续观测。

（3）坝体温度计＋发电进水钢管水温监测

坝体温度计分 3 个坝段进行埋设，以 14# 坝段为例，共计埋设温度计 22 个，高程范围为 630 ～ 747 m，进水口温度计 7 个，高程范围 690 ～ 744 m。上述温度计埋设位置距离坝前水体约 0.5 m，实时监测所在位置的温度。

（4）不同叠梁门高度对比观测

在光照水电站试运行期间，为直观地了解光照水电站分层取水措施的效果，调节两个进水口前叠梁门高度分别单独泄水发电、同时监测下游水温。具体方式为将 1# 引水洞叠梁门高程设置在 709 m 后对其进行单独泄水，其后将 2# 引水洞叠梁门高程维持在 682 m 后再对其进行单独泄水，当时坝前水位为 728 m。

3 不同方案的观测成果及适用性分析

3.1 水温人工观测成果

（1）坝前水温观测

2009—2010 年对坝前水温开展了 4 次人工水温监测成果，坝前水温各月平均水温情况见表 1。

表 1 光照水库坝前水温人工监测分布 单位：℃

水深 /m	2009 年 9 月	2009 年 12 月	2010 年 3 月	2010 年 7 月
0	28.4	19.2	16.2	27.4
5	26.1	19.2	16	23.4
10	22.5	19.2	15.9	21.5
15	22.1	19.2	15.9	21.1
20	21.8	19.1	15.9	20.7
25	21.5	19	15.8	20.4
30	21.3	19	15.8	20.2
35	21	18.9	15.8	19.9
40	20.7	18.9	16	19.5
45	20.5	18.7	16	19
50	20.2	18.5	16	18.4
55	19.6	18.1	16.05	17

水深 /m	2009 年 9 月	2009 年 12 月	2010 年 3 月	2010 年 7 月
60	18.2	17.9	16.1	16.4
65	17.6	17.8	16.1	16.2
70	17.5	17.6	16.05	16.2
75	17.4	17.5	16.05	16.1
80	17.3	17.4	16	16

（2）尾水水温观测

2009—2010 年对尾水水温开展了 4 次人工水温监测成果，尾水水温各月平均水温情况见表 2。

表 2　光照水库尾水水温人工监测　　单位：℃

监测时间	2009 年 9 月	2009 年 12 月	2010 年 3 月	2010 年 7 月
尾水水温	21	19.8	15.9	19.3

（3）观测方案分析

水温人工监测较为灵活，可及时根据观测区环境变化调整观测方案，仅代表特定时间内的当次监测成果，并可能存在人工操作误差，无法提供水温连续性监测数据，不能动态反映分层取水效果，适用于分层取水效果的水温补充监测和应急监测。

3.2　水温在线观测成果

（1）坝前水温观测

2013—2014 年(一个水文年)，光照坝前 1 km 水温在线监测各月平均水温情况见表 3。

表 3　2013—2014 年光照坝前在线监测水温分布　　单位：℃

坝前水深 /m	1 月	2 月	3 月	4 月	5 月	6 月	7 月	8 月	9 月	10 月	11 月	12 月
0.5	15.8	14.9	14.6	19.4	25.1	26.4	28.3	28.4	26.6	23.7	20.4	18.2
5	16	15.1	14.8	18.6	21.5	23.4	25.6	27.7	25.4	23.4	20.5	18.4
10	15.8	14.9	14.6	18.1	18.3	20.6	22.4	23.1	22.7	22.6	20.3	18.2
15	15.9	15.1	14.7	15.7	15.9	19.6	21.8	22.6	22.2	21.9	20.5	18.3
20	15.9	15	14.6	15.3	15.3	17.8	21	21.9	21.8	21.4	20.4	18.3
25	16	15.1	14.8	15.3	15.3	16.4	20.1	21.4	21.6	21.3	20.6	18.4
30	15.8	14.9	14.6	15	14.9	15.8	17.1	20.6	21.1	20.8	19.9	18.2
40	15.9	15	14.7	15	14.9	15.6	16.3	16.9	20	19.9	19.4	18.3
50	16	15.1	14.8	14.9	15	15.6	16.1	16.3	17.8	18.6	18.7	17.8
60	15.8	14.9	14.6	14.8	14.8	15.4	15.7	15.8	16.4	16.5	16.7	16.8
70	15.8	15	14.6	14.8	14.8	15.4	15.7	15.8	16.3	16.3	16.4	16.4
80	15.9	15.3	14.5	14.9	15	15.5	15.8	15.9	16.3	16.4	16.5	16.5

（2）尾水水温观测

2013—2014 年（一个水文年），光照尾水水温在线监测各月平均水温情况见表 4。

表 4　光照水库尾水水温在线监测表　　单位：℃

月份	1	2	3	4	5	6	7	8	9	10	11	12	全年
尾水水温	16.1	15.4	14.9	16.4	18.6	19.9	21.4	22.7	21.4	21.5	19.5	18.7	18.9

（3）观测方案分析

水温在线自动监测可以对坝前水温进行长期连续监测，监测精度和频率较高，可监测坝前和尾水的逐时水温，数据代表性较强。存在的问题是自动在线监测点高程固定，为全面监测坝前断面垂向水温的分布还需要进行人工加密监测。

3.3　坝体温度传感器监测成果

（1）坝体测点

根据光照水电站坝体不同高程的坝体混凝土温度监测点，统计分析 2009—2010 年坝体混凝土温度情况，见表 5。

表 5　光照水电站 2009—2010 年坝体混凝土温度一览　　单位：℃

时间 \ 高程 /m	670.00	690.00	707.00	721.00	728.00
2010 年 1 月	17.00	20.65	21.90		
2010 年 2 月	15.80	19.55	21.55		
2010 年 3 月	15.80	18.45	19.60		
2009 年 4 月	15.20	16.20			
2009 年 5 月	15.40	17.65			
2009 年 6 月	16.15	19.70			
2009 年 7 月	16.95	20.00	25.40	25.30	
2009 年 8 月	18.95	20.30	26.40	27.90	
2009 年 9 月	19.75	19.75	21.25	24.15	27.40
2009 年 10 月	19.85	20.30	21.60	23.85	24.60
2009 年 11 月	19.55	20.45	21.65	21.75	21.65
2009 年 12 月	18.60	20.60	21.70	19.30	

（2）发电引水钢管水温

光照水电站 2009—2010 年发电引水钢管各月平均温度情况见表 6。

表 6　光照水电站 2009—2010 年发电引水钢管温度监测　　单位：℃

月份	1	2	3	4	5	6	7	8	9	10	11	12
引水钢管水温	17.05	16.35	15.80	17.05	17.35	19.70	19.90	20.60	21.05	21.25	21.55	19.05

（3）观测方案分析

光照水电站坝体不同高程的坝体混凝土温度监测点仅反映坝体混凝土温度，无法直接监测坝前水体水温，对相应高程处水温值的反馈存在滞后与热传导干扰，与坝前实测水温值差别较大，不宜采用其数据代表坝前垂向水温。另外，发电机引水钢管水温监测结果与同期尾水监测结果基本相同，可一定程度代表下泄水温值。

3.4 叠梁门不同高程对比观测

（1）水温观测值

为直观地了解光照水电站分层取水措施的效果，调节两个叠梁门高度分别单独泄水发电、监测下游水温。具体方式为将 1# 引水洞叠梁门高程设置在 709 m 后对其进行单独泄水，其后将 2# 引水洞叠梁门高程维持在 682 m 后再对其进行单独泄水，监测时坝前水位为 728 m。

表 7　2009 年 9 月 29 日进水口前水温监测结果

水深 /m	0.5	5	10	15	20	25	30	40	50	70	100	110
水温 /℃	25.8	25.8	23.5	22.4	22	21.7	21.3	20.7	20.1	17.4	16.9	16.7

1# 引水洞（叠梁门高程 709 m）单独泄水时下泄水温为 22.1℃，2# 引水洞（叠梁门高程 682 m）单独泄水时下泄水温为 21.3℃，两者相差 0.8℃，可见抬高叠梁门实现了取表层水，起到了减缓低温水下泄的作用。

（2）观测方案分析

叠梁门不同高程对比观测可直观反映叠梁门分层取水措施的效果，考虑叠梁门启闭耗时较长，运行期可操作性等问题，不适用于长期连续的监测叠梁门分层取水的水温减缓效果，可在工程试运行初期进行效果测试。

4 叠梁门分层取水措施效果分析

4.1 分析工作的基础准备

（1）确定水温恢复效果的评价指标

分层取水措施设计时往往将下泄水温恢复至天然水温作为影响减缓目标，但是水电站坝址处的天然水温资料一般为历史统计值，与工程运行后下泄水温的观测周期不匹配，用两者进行比较往往差别较大，难以反映叠梁门分层取水措施的实际效果。另外，也可根据观测期内水库上游入库水温的实测值，利用河道水温预测模型计算出坝址处的天然水温的推求值，采用这种方法并满足精度准确，需要建立适用于工程河段的一维水温模型并进行验证，由于工程建设前未开展此类工作，因此，现阶段进行水温推求的难度较高，准确度也难以保证。

因此，以下泄水温恢复至天然水温的程度来分析叠梁门分层取水的减缓效果存在较大局限性，在实际观测中可以采用采取措施前后的下泄水温变化程度来评价叠梁门措施的水温减缓效果。

（2）确定不采取措施情况下的对比水温

要确定采取措施前后的下泄水温变化值，首先要取得未采取措施时的下泄水温值，这需要将至少一个引水洞前的全部叠梁门提取后进行测定，这对于已投入运行的工程而言操作工作量较大，且不能持续开展对比观测。而根据目前部分分层型水库的坝前、尾水水温观测成果的分析发现，在发电引用流量相对稳定的情况下，坝前进水口高程对应的坝前水温与下泄水温差异很小。例如，根据龙滩水库 2011—2012 年进行的 7 次水温观测成果，电站引水洞口中心高程处水温与尾水水温较接近，温度偏差大部分仅在 0.2℃左右，仅部分时段受泄洪等因素影响而存在差异。因此，对于以采取叠梁门措施的水电站而言，可考虑选择引水洞口中心高程处的库区水温值代表无叠梁门时下泄水温。

（3）叠梁门运行工况条件

叠梁门运行时的工况条件对分层取水效果观测的影响也较为关键，宜在水库水温呈现出较明显分层现象时段，叠梁门正常运行且门顶水深尽可能接近设计淹没水深的条件下实施观测。根据 2014 年 3—5 月的叠梁门调度情况，正值水温分层相对明显的阶段，叠梁门随水位变化而及时进行了调度，可以此作为开展低温水影响效果观测的典型工况条件。叠梁门调度工况见表 8。

表 8　2014 年 3—5 月叠梁门运行情况　　单位：m

时间	进水口高程	当前水位高程	门顶高程	门顶水深	叠梁门高度
2014-3-2	670	727.54	709	18.54	39
2014-3-24	670	727.59	706	21.59	36
2014-4-9	670	723.88	700	23.88	30
2014-4-21	670	718	694	24	24
2014-5-8	670	709	688	21	18
2014-5-23	670	707.69	685	22.69	15

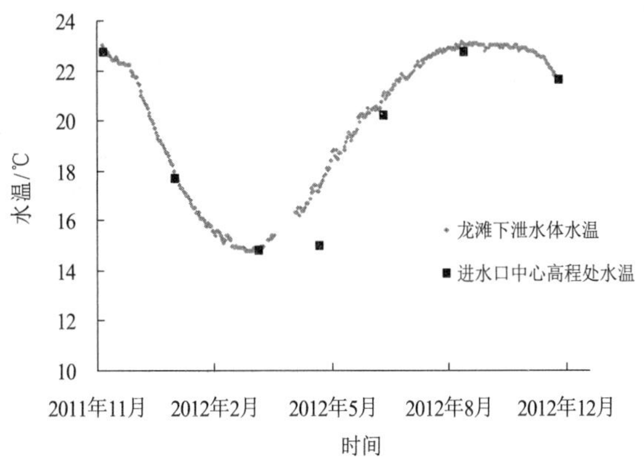

图 2　龙滩电站坝前进水口中心高程处水温与发电尾水水温的对比

（4）观测方案选择

经过前述几种方法优缺点比较，本次采用坝前垂向＋坝下尾水在线观测方案进行分析，监测坝前及下游水温的日均变化情况。

4.2 分层取水效果分析评价

根据坝前垂向＋坝下尾水在线水温观测成果，采用引水洞口中心高程处的水温值代表无叠梁门时的下泄水温，进而与下游实测值对比分析光照叠梁门分层取水措施的效果，见表9。由比较结果可见，3—5月在采取叠梁门措施调度后，下泄水温提高了0.7～3.4℃，且随着库表水温的不断提升，叠梁门分层取水措施效果越趋明显，反映出在叠梁门拦挡作用下，更多的表层高温水体被卷吸进入发电机组后到达下游河道。

表9 叠梁门取水措施效果比较 单位：℃

时间	措施下泄水温	引水洞口中心高程水温	温升值
2014-3-2	15.6	15	0.6
2014-3-24	15.6	15	0.6
2014-4-9	15.8	15.1	0.7
2014-4-21	17	14.9	2.1
2014-5-8	17	14.9	2.1
2014-5-23	18.3	14.9	3.4

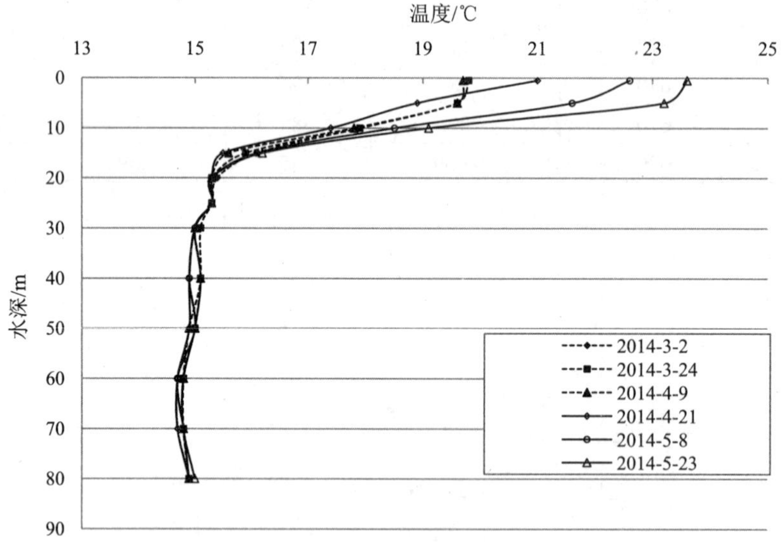

图3 2014年3—5月光照坝前水温分布实测值

5 结论及建议

本次通过对光照水电站开展的不同类型水温观测工作成果进行总结分析，选取了坝前垂向＋坝下尾水在线观测作为分析分层取水效果的观测方案。该方法可以对坝前水温进行长期连续监测，监测精度和频率较高，可监测坝前和尾水的逐时水温，数据代表性较强，较适合作为水电站叠梁门分层取水措施效果分析的基础观测数据。根据类比其他水电工程的水温观测经验，坝前引水洞口中心高程的水温与下泄实测水温差异较小，可用于代表未采取措施时的下泄水温值，并与采取叠梁门措施后的温升值进行比较以评价措施的改善效果。

采用上述方法对光照水电站叠梁门分层取水效果的分析结果表明，在叠梁门正常稳定运行的条件下，分层取水效果与库区水温分层状态关系较大，在库表水温较高的时段，叠梁门分层取水措施的效果更加明显。在观测研究工作中也发现，目前叠梁门的运行管理仍然是一项繁琐且耗时的工作，建议电站结合工程运行以来的水库调度经验，进一步优化叠梁门调度时段、调度方式，提高操作工作效率，确保工程投入的此项生态保护措施持续有效发挥效用。

参考文献

[1] Bednarek A T，Hart D D . Modifying dam operations to restore rivers：ecological reponses to tennessee river dammitigation[J]. Ecological Application，2005，15（3）：997-1008.

[2] 陈秀铜 . 改进低温下泄水不利影响的水库生态调度方法及影响研究 [D]. 武汉：武汉大学，2010.

[3] 黄永坚 . 水库分层取水 [M]. 北京：水利电力出版社，1986 .

[4] 吴莉莉，王惠民，吴时强 . 水库的水温分层及其改善措施 [J]. 水电站设计，2007，23（3）：97-100 .

[5] 杜效鹄，喻卫奇，芮建良 . 水电生态实践——分层取水结构 [J]. 水力发电，2008，34（12）：28-132 .

[6] 张陆良，孙大东 . 高坝大水库下泄水水温影响及减缓措施初探 [J]. 水电站设计，2009，25（1）：76-81 .

[7] 薛联芳 . 基于下泄水温控制考虑的水库分层取水建筑物设计 [J]. 中国水利，2007（6）：45-46.

[8] 高学平，陈弘，王鳌然 . 糯扎渡水电站多层进水口下泄水温实验研究 [J]. 水力发电学报，2010，29（3）：126-131 .

[9] 常理 . 光照水电站水库水温分析预测及分层取水措施 [J]. 水电站设计，2007（3）：40-43

[10] 刘欣，陈能平，肖德序，等 . 光照水电站进水口分层取水设计 [J]. 贵州水力发电，2008，22（05）：32-38.

[11] 章晋雄，张东，吴一红 . 锦屏一级水电站进水口叠梁闸门分层取水试验研究报告 [R]. 北京：中国水利水电科学研究院，2006：2-15

[12] 傅菁菁，李嘉，等 . 叠梁门分层取水对下泄水温的改善效果 [J]. 天津大学学报，2014，47（7）：589-596.

[13] 陈永柏，邓云，梁瑞峰 . 溪洛渡水电站叠梁门取水方式减缓下泄低温水的优化调度 [J]. 长江流域资源与环境，2010（3）.

[14] 汤世飞 . 光照水电站叠梁门分层取水运行情况分析 [J]. 贵州水利发电，2011，15（4）：18-22.

隔水幕墙取水在水电站低温水治理中的探讨

薛联芳[1]　孙平玉[2]　冯云海[2]　颜剑波[2]

（1. 水电水利规划设计总院，北京 100120；2. 中国电建集团中南勘测设计研究院有限公司，长沙 410014）

摘　要：已建调节性能好的水库普遍存在下泄低温水问题，影响下游生态环境，传统的治理措施需大幅降低水库水位或放空水库以修建分层取水建筑物，影响电站正常发电。隔水幕墙取水改善电站下泄低温水的新措施，不仅适用于已建水库工程，也适用于拟建水库工程。介绍了其工作原理，并对隔水幕墙的工程应用效果进行了数值分析，证明隔水幕墙取水技术能够有效改善下泄水温，可为我国今后类似水电工程低温水治理提供借鉴。

关键词：隔水幕墙；分层取水；下泄水温；数值模拟

1　引言

调节性能好的水库，其修建形成了巨大的停滞水域，改变了水体和大气之间原有的能量交换规律，导致水库蓄水后库区水温具有明显的沿深度变化的特点，表层水温和底层水温相差很大。常规电站大多采用传统底层取水方式，下泄水温较低，对下游河道的生态环境、两岸的农业生产及生物多样性造成不利影响。

21 世纪以后国内高坝大库不断增多，水库下泄水温低的问题得到普遍重视，减缓下泄低温水影响的措施成为调节性能好的水电工程亟待解决的主要环保问题。目前工程上对水电站下泄低温水的防治主要采取多层取水口取水、浮式管型取水口取水、溢流式（叠梁门）分层取水等措施，这些措施仅局限于在建或未建工程，对已运行的水库由于实施需要大幅降低水库水位或放空水库而不适用。

针对已运行水库，为实现既提高下泄水温又不损失电站发电量的目标，本文在水电站进水口分层取水研究的基础上，借鉴海岸圩田淤泥阻隔及渔网渔具的设计原理和方法，提出了一种新颖的改善下泄低温水的取水技术，并通过数值模拟研究验证了其实施效果。

作者简介：薛联芳（1964—），男，福建上杭县人，教授级高级工程师，主要从事水电工程环境保护与水土保持工作。

2 隔水幕墙取水方案

2.1 原理

调节性能好的水库运行后，库区水温形成显著的稳定分层，沿水深方向分为表层、过渡层、温跃层和底层。表层水与空气直接接触，水温随气温变化明显，层内水温互相掺混，初夏季节水温相对较高；底层全年基本处于较低的温度；过渡层和温跃层介于表层和底层之间，自上到下温度呈梯度变化。根据水库水温垂向分层分布特点，在坝前某个位置过渡层以下建设不透水柔性隔水幕墙，有效隔断温跃层和底层的水体流向进水口，将温跃层和底层低温水隔挡在隔水幕墙前；表层和过渡层温度较高水体加速流向进水口，达到选择性分层取水的目的。同时，在电站进水口泄流的带动下，隔水幕墙下游水体在垂向扩散，加速热交换，打破原有水温垂向分层结构，实现提高水库下泄水温的目的。

2.2 隔水幕墙整体结构

隔水幕墙整体结构采用底部锚固、顶部悬浮、两端固定的结构形式，由固定装置、浮力系统和墙体结构组成。

（1）固定装置

隔水幕墙固定装置包括底部锚固基础和两岸控制塔。固定装置的作用主要是防止水流冲击时隔水幕墙发生任何整体位移，对隔水幕墙工程的安全至关重要。底部锚固基础采用沉箱形式，由钢筋混凝土浇制而成，锚固于库底作为支点；控制塔建设于两岸，是隔水幕墙工程主要的受力支柱，承受着整个幕墙上的总荷载。

（2）浮力系统

浮力系统由一系列聚苯乙烯、聚亚安酯或其他类型泡沫材料制成的球形或圆柱形结构组成。浮力系统可根据水位变化自动调整隔水幕墙高程位置，避免了人工升降隔水幕墙的繁杂操作。

（3）墙体结构

隔水幕墙墙体结构主要包括幕布、上纲、下纲、拉索和沉子。幕布采用聚酯、聚丙酯等不透水合成材料制作，作为主要隔水体，承受水压力荷载。上纲采用迪尼玛绳，两端张拉于两岸控制塔，与幕布顶部固定连接，将作用于幕布上的荷载传递至两岸控制塔。下纲采用钢缆绳，两端固定于两岸控制塔，与幕布底部搭接，沉于水底，起配重链作用，防止底部幕布浮起。锚固基础与浮力系统之间通过拉索张拉，形成隔水幕墙基本骨架，幕布固定于拉索上，幕墙墙体以抛物面形式悬浮于水中。此外，在上纲悬挂一系列分布均匀的合适重量的沉子，防止幕布漂起。

3 工程应用研究

3.1 水库概况

以国内某水库为例，最大坝高 185.5 m，坝址控制流域面积 11 051 km^2，年径流量 75.69 亿 m^3，水库正常蓄水位 475.00 m，相应库容 37.48 亿 m^3，总库容 40.94 亿 m^3，死水位 425.00 m，有效库容 26.16 亿 m^3，引水发电系统进水口底板高程 408.00 m，具有多年调节性能，属于典型的高坝大库。经过多年现场实地水温监测，获得水库全年水温垂向分布，见图 1。

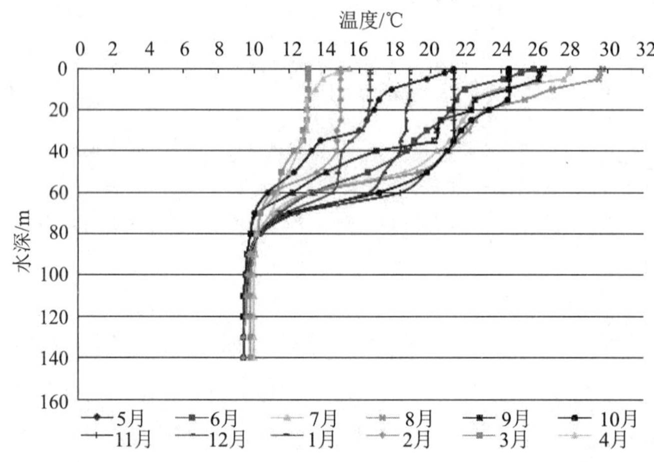

图 1 水库水温垂向分布

从图 1 可见，水库水温垂向分布呈现明显的稳定分层结构。表层，水深 5 m 以上，水温随气温变化明显，层内水温基本相同；过渡层，水深 5 ～ 30 m，水体水温变化梯度相对较小；温跃层，水深 30 ～ 80 m，自上到下水体水温变化剧烈，温度梯度大；底层，水深 80 m 以下，水体水温全年基本恒定在 8 ～ 10℃，全年保持在较低温度。

3.2 隔水幕墙整体布置

（1）断面位置选择

隔水幕墙断面位置的选择主要考虑地形地质条件、改善水温效果和工程施工难度等因素：

①为方便隔水幕墙的安装，尽量选择跨度狭小的断面；

②避开养殖区域、码头及船只运输密集区；

③为更好地发挥隔水幕墙改善下泄水温的效果，隔水幕墙与进水口的距离尽量近；

④两岸地形地质条件满足修建施工进场道路、施工平台和控制塔的要求。

现场查勘后，拟在坝前 1.15 km 位置建设隔水幕墙，见图 2 和图 3。该断面地形处于喇叭口位置，跨度最为狭小，距离进水口近，水下无渔网等障碍，两岸地质条件较好，是建设隔水幕墙的最优位置。

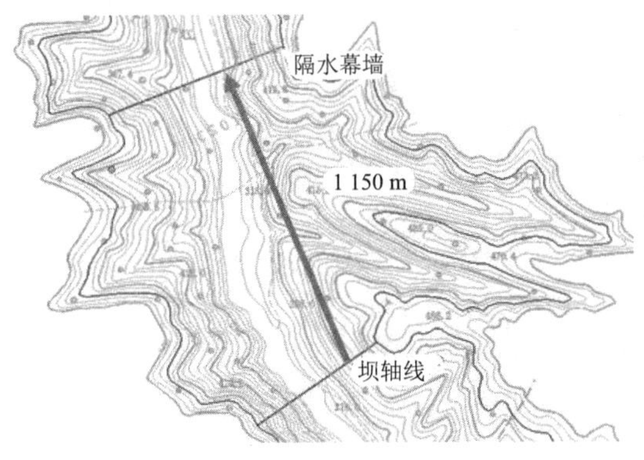

图 2　隔水幕墙断面位置示意

图 3　隔水幕墙断面位置实地照片

（2）隔水幕墙高程布置

隔水幕墙高程是决定隔水面积的主要依据，隔水幕墙隔水面积既要满足有效提高水温的要求，还要满足电站发电的过流能力。

根据水库正常蓄水位和水温垂向分布规律，拟定隔水幕墙顶部高程位于水下 30 m，拦截温跃层和底层低温水，即隔水幕墙顶部高程为 445 m，跨度 308 m；底部沉于库底，隔水幕墙高度为 124 m；隔水幕墙隔水面积 2.1 万 m^2。

（3）隔水幕墙结构形式

隔水幕墙结构见图 4，上纲和下纲两端固定于两岸控制塔，浮力系统和锚固基础之间张拉拉索构成基本骨架，上纲、下纲以及拉索间缝合幕布形成墙面。

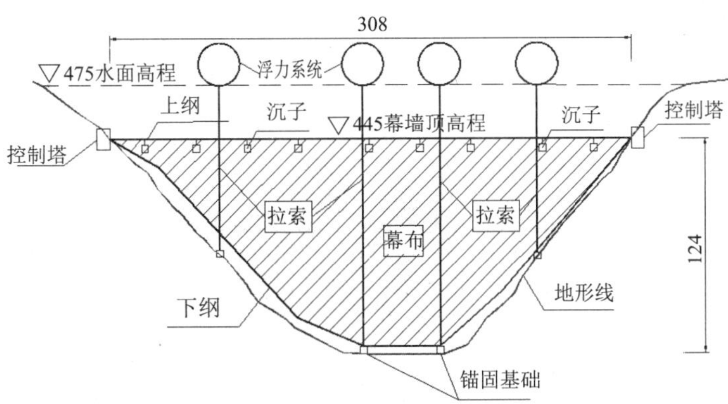

图 4　隔水幕墙整体结构示意

3.3　隔水幕墙效果分析

（1）模型建立

利用 Flow-3D 软件建立水库坝前 1.53 km，宽 1.26 km 水域三维水流和水温分层模型，见图 5。模拟水位采用水库正常蓄水位 475 m，下泄流量按电站发电满发流量 870 m^3/s 控制，隔水幕墙设置在坝前 1.15 km，顶部上纲位于水下 30 m，对应高程为 445 m。温度场采用电站下游鱼类产卵集中月份——5 月的水温场。

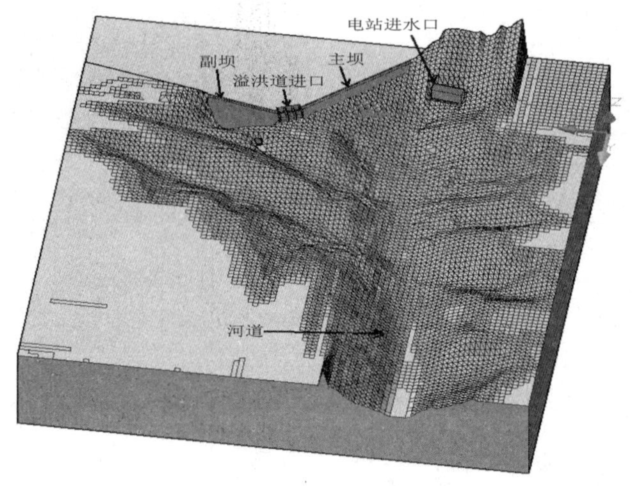

图 5 隔水幕墙三维水流和水温模型

（2）计算结果

隔水幕墙建立前后水库纵断面流速场分布见图 6 和图 7；隔水幕墙实施前后坝前水域垂向温度分布见图 8。

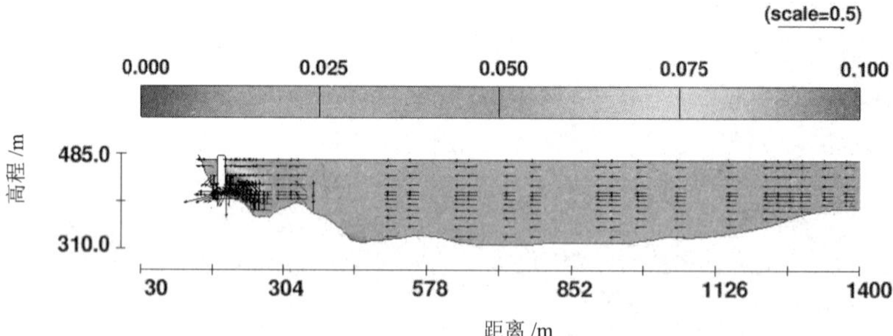

图 6 隔水幕墙建立前水库纵断面流速场分布

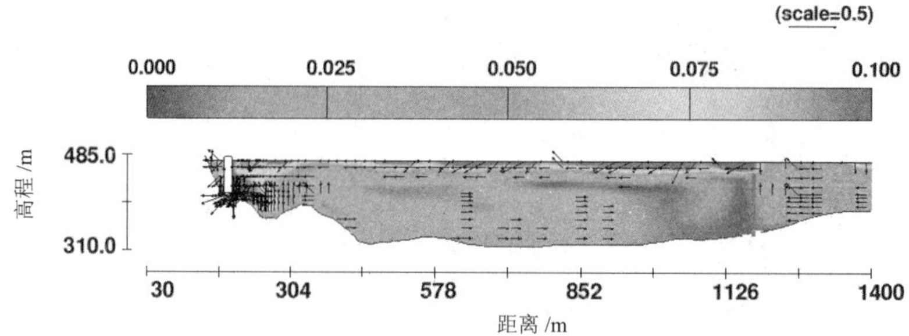

图 7 隔水幕墙建立后水库纵断面流速场分布

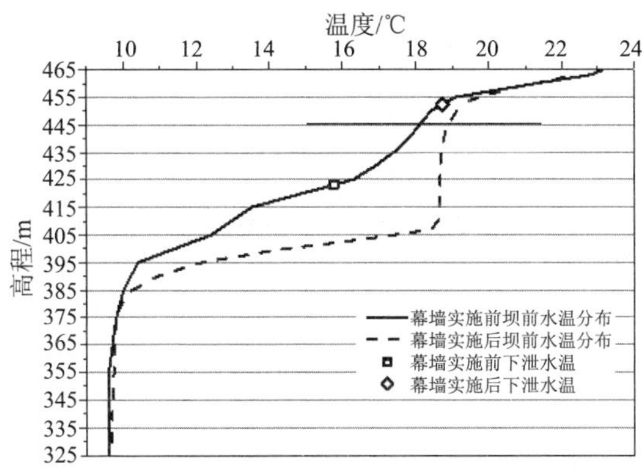

图 8　隔水幕墙实施前后坝前水域垂向温度分布

（3）结果分析

对比隔水幕墙建立前后水库纵断面流速场分布（见图 6 和图 7），可见隔水幕墙建立后，可有效隔断幕墙上游温跃层和底层低温水体的流动，仅有温跃层上部部分非低温水体翻跃幕墙；由于过流面积减小，表层和过渡层高温水体流速变大，快速流向坝前；水流在流向进水口过程中逐步在深度方向扩散，受水库地形和电站出流影响，电站进水口上游 150 m 至隔水幕墙下游 150 m 范围内水下约 50 m 及其以下水体流动变缓或者负向流动，减少了隔水幕墙下游低温水流入电站进水口。

幕墙实施前后坝前水域垂向温度分布（见图 8）表明：模型坝前水域垂向水温分布与实际情况匹配良好；幕墙实施后，表层和底层水体温度变化不大，取水口（高程 408 m）附近水体温度显著提高；模拟得隔水幕墙实施前下泄水温为 15.8℃，实施后下泄水温为 18.7℃，提高了 2.9℃，说明隔水幕墙能够有效改善水温分层导致的下泄低温水情况。

4　前景展望

水温是水库水体水质的重要指标之一，也是生态环境的重要影响因素。水电站的建设在一定程度上改变了天然河流水温分布，对水生生态尤其是鱼类产生不利影响，出于环保要求，有必要采用适当措施提高下泄水温，降低对水生生物的不利影响。

隔水幕墙取水措施国内外尚无工程参考，它是针对常规设计底层取水的已建电站下泄低温水问题提出的一种全新治理思路，能够有效提高下泄水温，具有投资省、施工方便和不损失电量的优点。若能成功实施，将打破传统的低温水防治思路，促进水电开发与水生生态环境的和谐，有助于水电工程的可持续健康发展，具有广阔的应用前景。

西南某水电站分层取水措施效果预测研究

徐天宝　谢强富　吴　松

（中国电建集团昆明勘测设计研究院有限公司，昆明 650051）

摘　要：采用商业软件 MIKE3，构建西南某水电站的三维数学模型，研究水电站库区水温分层结构，分析下泄低温水的影响。在此基础上，研究三层叠梁门方案和六层叠梁门方案对下泄低温水的改善作用。计算结果表明，分层取水措施对下泄低温水有一定改善作用；但是三层叠梁门与六层叠梁门相比，对下泄水温的提高不明显。

关键词：水温；分层取水；MIKE3

1　引言

兴建水利水电工程，对开发利用水资源，推动社会和经济发展具有极大的作用。但是在水利水电工程建设过程中也对自然环境造成了一定影响。其中，工程运行将改变下游河道的水温分布，直接表现为春季水温下降，秋冬季水温升高；而鱼类主要繁殖期为3—6月，使原有长期形成的鱼类繁殖与自然环境条件的耦合关系被打乱，从而影响鱼类正常繁殖[1]。因此，在进行大型水利水电工程建设时，需要研究大型水利水电工程运行对库区水温和下游河道水温的影响。

我国从20世纪50年代中期开始进行水库水温观测，进入21世纪以来，随着环境保护和生态建设工作的不断重视和加强，2005年年底由国家环保总局组织各主要科研机构和工程设计单位对水电开发中的主要环境问题进行技术研讨，并发布了《水电水利建设项目河道生态用水、低温水和过鱼设施环境影响评价技术指南（试行）》，其中对水库水温垂向分层研究技术方法进行了政策性引导。现阶段我国在水利水电工程建设开发中，必须分析水库水温影响问题，同时在减缓下泄低温水方面，正在开展多层进水口取水、叠梁门表层取水等分层取水措施的研究[2]。

作者简介：徐天宝，男，高级工程师，主要从事生态环境保护工作。E-mail: xutianbao00@163.com。

2 项目概况

西南某水电站正常蓄水位 1 619 m，死水位 1 586 m，水库回水长约 86 km，正常蓄水位对应库容为 15.49 亿 m^3，调节库容 8.28 亿 m^3，库容系数 0.029，具有季调节能力。枢纽主要水工建筑物由碾压混凝土重力坝，坝身泄洪表孔，左、右岸放空底孔，右岸泄洪洞，左岸折线坝坝身进水口，左岸地下引水发电系统等组成。引水发电系统采用地下厂房布置形式，进水口底板高程为 1 560 m。

采用库水交换次数法（α-β 指数法）来判断该水库水温分层情况。水库正常蓄水位库容 15.5 亿 m^3，年均径流量为 284 亿 m^3，因此，计算得到 α 为 18，$10 < \alpha < 20$，该水库为过渡型。

3 MIKE3 模型简介

MIKE 软件是丹麦水资源及水环境研究所（DHI）开发的商业软件，分为以下几个模块：水资源评估和管理（MIKEBASIN），地下水与地表水联合（MIKESHE），一维河网（MIKE11），城市供水系统（MIKENET），城市排水系统（MIKEMOUSE），二维河口和地表水体（MIKE21），近海的沿岸流（LITPACK），三维（MIKE3）。其中 MIKE3 可模拟具有自由表面的三维流动系统，包括对流弥散、水质重金属、富营养化和沉积作用过程模块；主要解决包括潮汐交换及水流、分层流、海洋流循环、热与盐的再循环、富营养化、重金属黏性沉积物的腐蚀、传输和沉降、预报海洋冰山模拟等与水力学相关的现象[3]。本研究采用 MIKE3 构建水库三维模型，进行水温模拟预测。

3.1 基本方程

三维水动力学水温模型的基本方程组为：

$$\frac{1}{\rho c_s^2}\frac{\partial p}{\partial t}+\frac{\partial u_j}{\partial x_j}=\mathrm{SS}\quad \frac{\partial u_i}{\partial t}+\frac{\partial (u_i u_j)}{\partial x_j}+2\Omega_{ij}u_j=-\frac{1}{\rho}\frac{\partial p}{\partial x_j}+g_i+\frac{\partial}{\partial x_j}\left[\nu_T\left\{\frac{\partial u_i}{\partial x_j}+\frac{\partial u_j}{\partial x_i}\right\}-\frac{2}{3}\delta_{ij}k\right]+u_i\mathrm{SS}$$

$$\frac{\partial T}{\partial t}+\frac{\partial}{\partial x_j}(Tu_j)=\frac{\partial}{\partial x_j}(D_T\frac{\partial T}{\partial x_j})+Q_{\mathrm{H}}$$

式中，t 为时间；ρ 为水的密度；c_s 为水的状态系数；u_i 为 x_i 方向的速度分量；Ω_{ij} 为柯氏张量；p 为压力；g_i 为重力矢量；ν_T 为湍动黏性系数；δ_{ij} 为克罗奈克函数（当 $i=j$ 时，$\delta_{ij}=1$；当 $i\neq j$ 时，$\delta_{ij}=0$）；k 为湍动能；T 为温度；D_T 为温度扩散系数；Q_{H} 为热交换反应式；SS 为源汇项。

3.2 热交换反应方程

温度传输方程的实质是描述热量 $\varphi=\rho C_{\mathrm{p}}T$（$C_{\mathrm{p}}$ 为水的比热）在水体中的传播、交换过程。除了随水流运动产生的热量对流、扩散作用影响水温分布外，外部热源主要是太阳、大气等通过水气界面与水体产生热量交换过程，这也是引起水温变化的主要因素。

水体热量交换主要是通过辐射、传导、蒸发以及外部入流等形式，MIKE3 软件系统中热交换过程主要包括太阳的短波辐射、大气和水面的长波辐射、水体蒸发散热等，热交换过程基本反应方程式为：

$$Q_H=q_{io}+q_{ss}+q_p-q_c+q_s-q_{sr}-q_{su}+q_l-q_{lr}-q_{lu}+q_g+q_{sed}-q_v$$

式中，q_{io} 为入、出流带入、带出的热量；q_{ss} 为源、汇项带入、带出的热量；q_p 为降雨带入的热量；q_c 为水面传导散热；q_s 为太阳短波辐射；q_{sr} 为水面反射的太阳短波辐射；q_{su} 为水体散发的短波辐射；q_l 为水面吸收的大气长波辐射；q_{lr} 为水面反射的长波辐射；q_{lu} 为水体散发的长波辐射；q_g 为水体与岸壁交换热量；q_{sed} 水体与泥沙交换热量；q_v 为蒸发散热。MIKE3 软件系统中忽略了水体与河床、泥沙的热量交换，即 $q_g=q_{sed}=0$。外部入流产生的热量由流量和水温决定 [2]。

4 水电站库区水温模型建立

4.1 地形条件

模型计算参数采用结构化网格进行计算，根据实测地形进行了概化处理，网格大小为 200 m×100 m×10 m（纵向 × 横向 × 垂向），参加计算的网格总数 7 857 个。计算时间步长采用 30 s。

4.2 边界条件

（1）水文

流域径流以降雨补给为主，上游区有部分冰雪融水补给，中游区冰雪融水补给少，下游区全由降雨补给，洪水由暴雨形成，洪水主要发生在 6—10 月，主汛期为 6—7 月。采用电站坝址多年平均流量作为上游边界水流条件，采用电站各典型水文年调节过程作为下游边界的条件。

（2）水温

采用坝址处水文站监测的实测水温成果，利用沿程增温率推算得到库尾水温，作为上游边界水温条件。

（3）气象

影响水温的气象资料主要包括太阳辐射、日照时数、气温、云量、风速、湿度。采用电站枢纽工程区专用气象站的监测成果作为气象条件。

5 水温预测

水温预测针对表 1 中所列 9 个工况进行了模拟计算。

表 1 MIKE3 模型计算工况

序号	水文条件	取水方案及高程	运行水位	下泄流量
1	典型丰水年	不设叠梁门	典型丰水年设计水位	典型丰水年设计流量
2		三层叠梁门取水		
3		六层叠梁门取水		
4	典型平水年	不设叠梁门	典型平水年设计水位	典型平水年设计流量
5		三层叠梁门取水		
6		六层叠梁门取水		
7	典型枯水年	不设叠梁门	典型平水年设计水位	典型平水年设计流量
8		三层叠梁门取水		
9		六层叠梁门取水		

5.1 库区水温预测

分析研究不设叠梁门的情况下，三个典型年库区水温结构。

（1）典型丰水年

预测条件下，典型丰水年库区水温分布见图 1，在 2—7 月库区水温有分层现象，其余月份分层不明显。

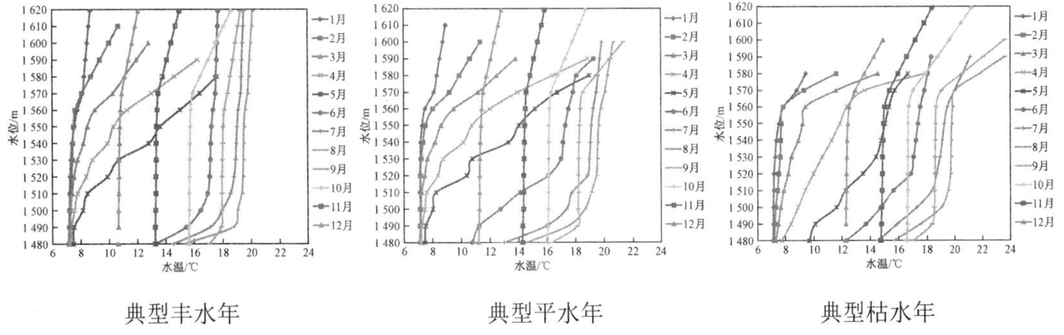

图 1 库区水温分布预测成果

（2）典型平水年

预测条件下，典型平水年库区水温分布见图 1，在 2—9 月库区水温有分层现象，其余月份分层不明显。

（3）典型枯水年

预测条件下，典型枯水年库区水温分布见图 1，在 2—10 月库区水温有分层现象，其余月份分层不明显。

5.2 坝下水温预测

分析研究水电站运行前后，在不设置分层取水措施的情况下，三个典型年下泄水温的变化。

（1）典型丰水年

预测条件下，典型丰水年坝下泄水温在 2—7 月较天然情况降低 0.5 ～ 2.1℃，其中

3 月和 4 月水温降低较大。

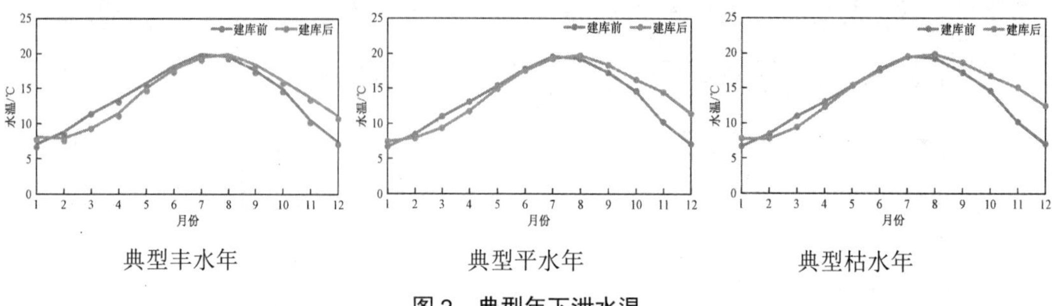

图 2　典型年下泄水温

（2）典型平水年

预测条件下，典型平水年坝下泄水温在 2—7 月较天然情况降低 0.3 ～ 1.7℃，其中 3 月和 4 月水温降低较大。

（3）典型枯水年

预测条件下，典型枯水年坝下泄水温在 2—7 月较天然情况降低 0.1 ～ 1.6℃，其中 3 月水温降低较大。

6　分层取水改善效果分析

分析研究不设置叠梁门、三层叠梁门和六层叠梁门三种情形下，三个典型年下泄水温的变化。

（1）典型丰水年

从计算结果可以看出（见表 2），叠梁门设置对下泄水温有一定改善。例如，3 月预测条件下，不设叠梁门水温下降约 2.1℃，设置叠梁门后水温下降约 0.2℃，叠梁门对下泄低温水有改善作用。六层叠梁门相比三层叠梁门，由于水位大部分时间维持在高水位运行，取水水位均较高，对下泄水温无影响。

表 2　典型丰水年不同方案下泄水温　　单位：℃

典型年	方案	1 月	2 月	3 月	4 月	5 月	6 月	7 月	8 月	9 月	10 月	11 月	12 月	平均
丰水年	建库前	6.7	8.5	11.0	13.1	15.4	17.8	19.6	19.3	17.3	14.6	10.2	7.1	13.4
	不设叠梁门	7.7	7.6	8.9	11.1	14.7	17.3	19.1	19.6	18.1	15.8	13.4	10.8	13.7
	三层叠梁门	8.3	9.0	10.8	12.5	14.7	17.6	19.3	19.9	18.6	16.7	13.9	11.2	14.4
	六层叠梁门	8.3	9.0	10.8	12.5	14.7	17.6	19.3	19.9	18.6	16.7	13.9	11.2	14.4
平水年	建库前	6.7	8.5	11.0	13.1	15.4	17.8	19.6	19.3	17.3	14.6	10.2	7.1	13.4
	不设叠梁门	7.4	7.9	9.3	11.8	15.0	17.5	19.2	19.7	18.4	16.2	14.5	11.4	14.0
	三层叠梁门	8.2	8.8	10.7	11.8	15.0	17.8	19.4	20.0	19.1	17.1	15.0	11.9	14.6
	六层叠梁门	8.3	9.3	10.7	12.5	15.0	17.8	19.5	20.1	19.1	17.1	15.0	11.9	14.7

典型年	方案	1月	2月	3月	4月	5月	6月	7月	8月	9月	10月	11月	12月	平均
枯水年	建库前	6.7	8.5	11.0	13.1	15.4	17.8	19.6	19.3	17.3	14.6	10.2	7.1	13.4
	不设叠梁门	7.8	7.8	9.4	12.3	15.3	17.5	19.4	19.8	18.7	16.7	15.0	12.5	14.4
	三层叠梁门	7.8	7.8	9.4	12.3	15.3	17.5	19.8	20.0	20.0	18.3	16.3	13.4	14.8
	六层叠梁门	7.8	7.8	9.4	12.3	15.3	17.6	19.8	20.0	20.0	18.3	16.3	13.7	14.9

（2）典型平水年

从计算结果可以看出（见表 2），叠梁门设置对下泄水温有一定改善。例如 3 月，不设叠梁门水温下降约 1.7℃，设置叠梁门后水温下降约 0.3℃，叠梁门对下泄低温水有改善作用。六层叠梁门相比三层叠梁门，有一定改善，但是效果不明显。

（3）典型枯水年

由于水库较多月份在低水位运行，所以叠梁门仅在部分月份启用。从计算结果可以看出（见表 2），叠梁门设置对下泄水温有一定改善。六层叠梁门相比三层叠梁门，由于水位大部分时间维持在低水位运行，取水水位均较低，改善效果不明显。

7 结语

本文采用商业软件 MIKE3 构建模型对库区水温结构和下泄低温水进行预测计算。计算结果显示，水库为季节性分层水库，受水库调度运行影响明显。在三个典型年中，3—7 月均发生了水温分层现象。三个典型年，下泄水温较天然水温降低 0.1 ～ 2.1℃，主要发生在 2—7 月。其中丰水年由于电站在高水位运行，下泄水温改变较大；枯水年由于电站在低水位运行，所以相应的下泄水温改变较小。分层取水措施对下泄水温有改善作用；但是三层叠梁门与六层叠梁门相比，对下泄水温的提高不明显。

综合分析，对于该西南某水电站，由于是季调节水库，库水交换次数较大，不会形成稳定分层的水温结构，但是在部分月份仍然会形成水温分层。后期应加强对水库的库区和坝下水温监测，适时调整分层取水的措施运行。

参考文献

[1] 陈秀铜，李璐 . 减少低温水下泄不利影响的水库取水方法研究 [J]. 人民长江，2010（10）：65-68.

[2] 中国水利水电科学研究院 . 澜沧江糯扎渡水电站三维水温数值模拟预测研究报告 [R]. 2008.

[3] 马腾，刘文洪，宋策，等 . 基于 MIKE3 的水库水温结构模拟研究 [J]. 电网与清洁能源，2009（2）：68-71.

考虑下泄水温影响的丰满水电站重建工程大坝拆除方案决策研究

赵再兴[1]　陈国柱[1]　魏　浪[1]　路振刚[2]

（1. 中国电建集团贵阳勘测设计研究院有限公司，贵阳 550081；2. 丰满大坝重建工程建设局，吉林 132108）

摘　要：针对丰满水电站重建工程的大坝拆除方案，在工程运行、施工等方面均不存在制约的情况下，从下泄水温变化对环境的影响角度开展了决策研究。根据工程区环境保护目标及水库季节性封冻的特殊性，以春夏季对水生生态的影响、冬季对不封冻江面及雾凇景观的影响为双重控制指标，深入研究了包括大坝拆除高程、机组运行方案的影响情况，提出了相应的影响减缓措施体系，为工程方案选择提供了决策依据。

关键词：大坝拆除；水温；丰满水电站

1　丰满水电站重建工程概况

丰满水电站位于第二松花江干流，下游距吉林市区 16 km，距松花江入河口约 355 km。丰满水库总库容约 103 亿 m^3，正常蓄水位 263.5 m，死水位 242 m，具有多年调节性能。电站于 1937 年 4 月正式开工，1943 年第一台机组发电，1953 年一期工程建成，1992 年完成二期扩建工程（2×85 MW），1998 年完成三期扩机工程（2×140 MW），总装机容量达到 1 002.5 MW。由于日伪时期的工程设计和施工存在的先天性缺陷，丰满水电站一直在不断的加固与维护补强中运行，为彻底解决工程存在的安全隐患，有关部门启动了丰满水电站大坝全面治理（重建）工程。重建方案将拆除目前丰满大坝部分坝段及坝后一期、二期发电厂房，保留了左岸采用引水隧洞取水的三期发电厂房，同时在原坝址下游 120 m 处新建一座全长 1 068.00 m、坝顶高程 269.50 m、最大坝高 94.5 m 的混凝土重力坝，坝后厂房设置 6×200 MW 发电机组，水电站总装机容量达到 1 480 MW。工程建成后不改变水库特征水位，不改变原电站的任务和功能，水库调度方式基本保持不变，调峰性能有所增强。

作者简介：赵再兴（1982—），男，贵州省都匀市人，高级工程师，硕士，主要从事环境影响评价与环境保护工程设计工作。E-mail: 3475715@qq.com。

2 丰满大坝拆除方案简介

为满足重建工程枢纽区的泄洪、发电等过水要求，需将原大坝挡水建筑物进行部分拆除，拆除部位为6#—38#坝段，总长594.0 m，坝顶高程为267.7 m，拆除底部高程控制在240 m以下。此外，还将拆除原丰满水电站一期、二期发电厂房198.75 m高程以上的混凝土框架结构和位于新坝基坑开挖范围内的尾水平台混凝土结构。在大坝拆除工程实施前，需对水库水位进行临时调度，在上一年11月开始降低水库水位，至次年3月降低水库水位至243.0 m高程并维持一个月，通过新机组和原三期机组发电泄流控制水库水位。大坝拆除工程实施过程中，先拆除相应坝体部位的闸门、启闭设备，然后分层分块、逐层逐块、由上至下将原大坝混凝土爆破拆除，拆除的混凝土运至弃渣场。原大坝局部拆除之后，大部分坝体仍然保留在库区内，同时对其采取景观设计，与周围环境相协调。

图1 原大坝拆除部位示意

3 大坝拆除方案对下泄水温的影响

丰满水库具有多年调节性能，是典型的水温分层型水库，水库运行以来已形成了稳定的水温分层结构。根据以往坝前垂向水温的年内观测成果，在春季、夏季水温分层较为明显的时段，库区水温由下至上呈升温分布，坝前垂向温差可达到22℃以上；冬季由于受工程区严寒气候影响，水库表层结冰封冻，库区水温呈下层水温高于上层水温的逆向分布特征，坝前垂向温差基本维持在4℃。根据丰满水电站下泄水温观测成果，在鱼类繁殖期5—7月平均水温为11.5℃，存在低温水下泄影响，在冬季12月—次年3月平均水温为1.6℃，使坝下游江段能够保持不结冰的明流状态，为当地雾凇景观的形成创造了有利条件。

丰满水电站重建工程实施后，由于仅对原大坝中部高程以上的部分坝段进行拆除，大部分建筑结构仍留在库区，剩余坝体的阻隔形成了前置挡墙效应。在新机组运行的条件下，仅库区在拆除高程以上的水体能够进入坝前区域，会对电站新建大坝前的水温结构及下泄水温产生影响。主要体现在以下方面：①库区水体经原大坝拆除缺口进入两坝之间后对流掺混作用增强，坝前垂向将不存在水温分层现象；②春季、夏季在原大坝前置挡墙作用的影响下，仅水库上层高温水进入新建大坝前发电取水口，下泄水温将较现状有所升高，有利于缓解鱼类繁殖期低温水下泄的影响；③冬季由于水库表层结冰，库区水位由下至上呈降温分布，表层水温高于下层水温，在原大坝前置挡墙作用的影响下，仅水库上层低温水进入新建大坝前发电取水口，下泄水温将较现状有所偏低，可能造成冬季下游吉林市区第二松花江约 70 km 的明流江段缩短或出现流冰或封冻现象，进而影响雾凇景观的形成条件。

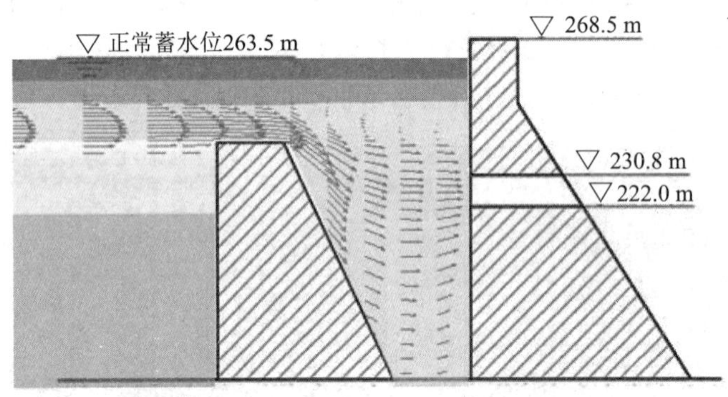

图 2　原大坝阻隔对库区水温结构的影响示意

4　考虑下泄水温环境影响的方案决策

丰满大坝拆除方案对水库水温结构及下泄水温的影响，主要受其拆除部位的高程控制，拆除高程越低，电站下泄水温越趋近于工程重建前，从而可能产生的有利或不利影响越不明显。为此，工程对大坝拆除高程拟定了 240 m、237.5 m 和 235 m 方案，并综合考虑冬季下泄水温、春夏季下泄水温，以及拆除期水库回蓄期影响等方面进行环境比选。

（1）冬季下泄水温影响比较

从对雾凇的形成机理与河道水温的关系可知，冬季下游河道只要不结冰，其他气象条件适宜时就可以形成雾凇。根据目前丰满坝下区域雾凇分布情况，下游不封冻江段均会出现雾凇，最下游的雾凇景观集中区域主要是丰满坝下约 70 km 处的雾凇岛。因此，本项目下泄水温对冬季雾凇景观的影响，主要考虑将雾凇岛作为保护目标，即丰满坝下 70 km 范围的江段水温不低于 0℃，就可满足下游雾凇景观形成的水汽条件。

方案研究采用了耦合冰盖生长消融的二维水温数学模型、河道纵向一维水温模型进行预测，以冬季电站下泄水体在河道中温降至 0℃的距离不低于 70 km（现状不封冻江段长度）为控制目标，预测工况考虑了在最不利的枯水年低水位条件下，电站分别由新建机组单独发电、新建机组与原有三期机组联合发电的工况。根据不同拆除高程方案的预测结果，冬季主要在 1 月、2 月会出现无法满足水温控制目标的情况。其中，新机组单独运行时各方案均不能满足水温控制要求，但由于保留的三期机组取水口（高程 215 m）

在原大坝上游侧，其取水水温高于坝前水体，其参与运行可一定程度增加下泄水温，在联合运行工况下，237.5 m、235 m 方案均满足下泄水温控制要求。

表 1　不同方案冬季电站下泄水温降至 0℃的距离　　单位：km

工况	拆除方案					
	240 m		237.5 m		235 m	
	1 月	2 月	1 月	2 月	1 月	2 月
新机组单独运行	43	41	48.5	50.5	55	55
三期＋新机组联合运行	64	＞70	＞70	＞70	＞70	＞70

注：保护目标为下游 70 km 范围水温不低于 0℃。

（2）春季、夏季下泄水温影响比较

针对目前丰满水电站存在的下泄低温水影响，重建工程实施后将有所改善。在鱼类产卵繁殖期 5—8 月下泄水温均较重建前有所增加，各月提高范围在 0.4 ～ 0.7℃、0.7 ～ 2.2℃、0.8 ～ 4.0℃、3.3 ～ 4.7℃，在对下泄低温水影响的减缓效果上，240 m 方案依次优于 237.5 m、235 m 方案。

表 2　不同方案春夏季电站下泄水温比较　　单位：℃

月份	重建前	拆除方案		
		240 m	237.5 m	235 m
5	3.8	4.5	4.3	4.2
6	5.0	7.2	6.2	5.7
7	9.0	13	11.3	9.8
8	11.0	15.8	14.9	14.3

（3）水库回蓄期影响比较

由于丰满大坝拆除期间需要对水库进行临时调度，将水位从正常蓄水位降至 242 m 进行拆除施工，为减缓施工期对库区生态环境及下游用水的影响，工程选择在冬季进入结冰期的 11 月开始临时调度，同时应尽可能缩短施工时间及时进行回蓄。根据不同拆除方案的工期计算，240 m、237.5 m 方案总工期均在 5 个月内，水库在当年即可回蓄达到现状平均水位；235 m 方案水下作业量较大，总工期为 8 个月，水库至第三年才能回蓄至现状平均水位。

（4）方案综合决策分析

根据大坝拆除方案对环境影响的综合比较，在减缓目前春夏季电站下泄低温水影响方面，各方案均有一定的改善效果，可不作为拆除方案比选的控制性因素；在冬季低温水影响方面，240 m 方案不能满足维持冬季坝下 70 km 不封冻河长的控制要求，故不能作为选择方案；235 m 方案对减缓冬季低温水影响效果较好，但由于施工期间水库降水位及回蓄时间较长，对库区生态环境及下游供水影响较大、历时较长，不推荐采用。因此，工程在方案决策中，考虑以维持冬季坝下不封冻河长范围、有效控制施工和水库回蓄期为控制要求，最终推荐对原大坝采用 237.5 m 高程的拆除方案，以保障雾凇景观的形成条件不受影响，同时不影响水库正常运行，最大限度上减小和避免了拆除工程对库区及下游环境产生的影响。

5 减缓下泄水温影响的配套措施

丰满水电站重建工程采取 237.5 m 重建方案后，在冬季仅采用新机组运行时坝下 70 km 河道范围内水温仍有降低至 0℃的情况，冬季 1 月、2 月必须充分利用原电站三期机组参与发电运行，才能避免冬季下泄低温水的影响。为此，工程提出在冬季丰满电站的发电过程中，应首先开启三期机组进行发电的配套措施，保证优先取用库区温度相对较高的下层水体。根据该运行方案，丰满水电站保留的三期发电机组在冬季典型日运行过程中需承担 140 ～ 280 MW 的调峰容量，冬季 1 月、2 月的总利用小时数达到 600 h 以上，可满足维持电站下游 70 km 不封冻河段的水温控制要求。

为进一步防范冬季下泄低温水所产生的影响，工程考虑设置丰满坝下、下游永庆坝址、吉林市区、雾凇岛末端等断面的在线水温监测系统，对冬季河道水温进行实时监控。拟在各监控断面设置 4 个水温监测站点，配套相应的温度自记及传输设备，通过温度自记仪获取实时水温数据，利用无线发射器每隔一定时段进行数据发送，通过中继器将实时水温数据传送至电站监控室，使运行人员随时了解下游河道水温变化情况，及时为机组泄流的水温调控提供信息反馈，防范可能发生的水温影响风险。

6 结论与建议

在丰满水电站重建工程的大坝拆除方案的制定过程中，工程的施工方案、水库临时调度运行等均不存在制约因素，下泄水温变化对环境的影响首次成为大坝拆除方案的最终决策因素，突出反映了此类重建工程实施中存在的环境影响方式与特点。根据工程区雾凇等环境保护目标及水库冬季封冻的特殊性，以春夏季对水生生态的影响、冬季对不封冻江面及雾凇景观的影响为双重控制指标，深入研究了包括大坝拆除高程、机组运行方案的影响情况，提出了相应的影响减缓措施体系，为工程方案选择提供了决策依据，也可为同类型工程的环境影响分析与对策措施的制订提供了借鉴。

考虑到在大坝拆除方案制订阶段主要通过数学模型对工程的最不利工况条件进行了偏保守的预测，在实际影响程度、范围的预测精度上与工程运行后的情形仍然存在一定差异。随着工程的实施与推进，有必要进一步结合水力学及水温模型实验、原型实验，进一步考虑采取优化丰满冬季发电运行调度方案等减缓低温水影响的措施。

参考文献

[1] 中国水电顾问集团贵阳勘测设计研究院 . 丰满水电站大坝全面治理工程环境影响报告书 [R]. 2011.

[2] 吉林省气候中心 . 丰满水电站大坝全面治理工程气候与雾凇影响分析报告 [R]. 2011.

[3] 四川大学 . 丰满水电站大坝全面治理工程水环境影响专题研究报告 [R]. 2010.

[4] 松辽水环境科学研究所 . 吉林省丰满水电站三期扩建工程环境影响报告书 [R]. 1992.

参考文献

[1] 财政部. 管理会计基本指引. 财政部文件，2016.

[2] 财政部. 管理会计应用指引［M］. 上海：立信会计出版社，2018.

[3] 财政部会计资格评价中心. 初级会计实务［M］. 北京：经济科学出版社，2021.

[4] 财政部会计资格评价中心. 财务管理［M］. 北京：经济科学出版社，2021.

[5] 财政部会计资格评价中心. 高级会计实务［M］. 北京：经济科学出版社，2021.

[6] 中国注册会计师协会. 财务成本管理［M］. 北京：中国财政经济出版社，2021.

[7] 高翠莲. 管理会计基础［M］. 北京：高等教育出版社，2018.

[8] 孙茂竹，文光伟，杨万贵. 管理会计学［M］. 北京：中国人民大学出版社，2017

[9] 潘飞. 管理会计职业道德［M］. 上海：上海财经大学出版社，2017.

[10] 闫华红. 财务成本管理（下册）［M］. 北京：北京科学技术出版社，2018.

[11] 韩鹏，程慧芳，王千红. 管理会计学［M］. 北京：北京大学出版社，2015.

[12] 吴大军. 管理会计［M］. 大连：东北财经大学出版社，2018.